U0278394

如何选对理财产品

专业理财师步步为赢的理财方略之二

刘加基·著

华夏出版社
HUAXIA PUBLISHING HOUSE

图书在版编目（CIP）数据

如何选对理财产品：专业理财师步步为赢的理财方略. 2 /
刘加基著. —北京：华夏出版社，2015.7

ISBN 978-7-5080-7938-7

Ⅰ．①如⋯　Ⅱ．①刘⋯　Ⅲ．①家庭管理—财务管理
Ⅳ．①TS976.15

中国版本图书馆 CIP 数据核字（2015）第 034514 号

如何选对理财产品——专业理财师步步为赢的理财方略之二

作　者	刘加基
责任编辑	李雪飞
出版发行	华夏出版社
经　销	新华书店
印　刷	北京人卫印刷厂
装　订	三河市少明印务有限公司
版　次	2015 年 7 月北京第 1 版
	2015 年 7 月北京第 1 次印刷
开　本	880×1230　1/32 开
印　张	5.375
字　数	111 千字
定　价	40.00 元

华夏出版社　地址：北京市东直门外香河园北里 4 号　邮编：100028
网址：www.hxph.com.cn　电话：（010）64663331（转）
若发现本版图书有印装质量问题，请与我社营销中心联系调换。

免责声明

本书所述投资理财的知识，旨在希望能对读者的投资理财有所帮助。任何个人和单位，不论其是否依据本书的相关知识进行投资理财，盈亏自负，本著作者概不负责，敬请各位读者知悉。特此声明。

目 录 CONTENTS

第3章　理财博弈有策略 > 095

第 6 章　规避理财风险 > 141

序

　　普天之下，不想过富有而美好生活的人应当不多，虽然许多人抱着"生死由命，富贵在天"的想法，但在多数人的心目中，却常常渴望着改变现状和命运。人们常说"路，是人走出来的"，因此，只要有人真想走一条让自己更富有的道路，相信一定能够到达心中的"罗马"。当然，若是你真想到达心中的"罗马"，就需要你坚持不懈地朝着目的地走，需要你拥有和保持体力，需要你运用自己的头脑和智慧，时时判断自己是否路线正确。

　　我们一定要用自己的智慧来判断方向和行动的正确性。但是，如果我们能够懂得善用别人的智慧和发明——好比在航行中借用古人已发明的指南针一样，这对于我们判断正在或正要前进的方向，当是莫大的帮助，将节省我们的时间和精力。所谓"一万年太久，只争朝夕"，关键在这个"争"字。这个"争"的内涵，虽说因人而异，但却充分体现了各人运用自己和别人智慧及实践经验的有效过程，任何不切实际的急躁都是不正确的"只争朝夕"。

　　因此，我们若想更富有，完全可以在开动脑筋的同时，尽可能地善用别人正确的东西。本书是作者多年投资理财的实践总结，希望广大读者通过阅读本书，能更快、更有效、更多地了解投资理财的实战经验，希望能够节约大家的宝贵时间，对大家的财富增长有帮助。

不言而喻，要是我们能够更富有，那么也就能让我们的家庭更富有；更多的人不断富有了，那么整个社会和国家也就更富有和更强大了。这就是我们通常所说的"藏富于民，进而民富国强，复亦国富民强"。倘能如此，每个人做好投资理财，岂不是利己、利人、利社会、利国家的事？

或许有人会说，钱财对他来说并不重要，但对于许多人来说，在一个几乎任何交换都需要用钱实现的社会，钱实在是太重要了。毫无疑问，在当今乃至将来，人们衣食住行的任何方面还是不可避免地会通过用钱交换来获取。所以，在以"钱"为标志衡量财富的社会中，如果我们能够更富有，那么我们不但能够更好地满足自身更多的现实生活需要，而且还能够更强有力地实现自己更多的梦想。遗憾的是，不少人因为没钱，且又不得不为了钱，失去了做人的快乐，甚至失去了做人的尊严，更甚者亦有之。

钱无善恶，钱能致善也能致恶。不管人们对待钱的态度如何，许多人还是希望有钱，希望国库充盈。客观地说，钱是人类社会的一大发明，与人类社会的文明进步有着必然的联系。这一伟大发明使得钱桥可以通百路，同时也有力地推动了社会的进步。

当今社会，大多数人都十分关注和重视理财，但这并不意味着他们懂得理财。虽然人们都希望能够在投资理财上做得更好，都希望能获得更多的财富，但却由于每个人的情况各不相同，对投资理财的理解、思路、做法和目标也不尽相同，因而投资理财过程中每个人的选择、决策也不尽相同，而这些都关乎投资理财的胜算如何。本书引入了投资理财的博弈思维，它基于对各种投资理财的内外因判断、对各种投资理财工具的选择、对某一种投资理财工具的布局与谋划，它涉及收益的高低、风险的大小、执行的难易和选择的好坏等问题，而在判断、决策和解决这些问题的时候，具有兵法谋略和博弈的思想是很有益的。不过，本书并不是应用现代系统的博弈理论来阐述投资理财，而只是应用其有关的思想和方法，将其融入投资理财的思路中，以便所叙理论通俗易懂。

应当说，投资理财能力是现代人所必须具备的最重要的能力之一。我们既要坚信投资理财不难，以"精诚所至，金石为开"的正面的、积极的心态不断地学习投资理财知识，又要重视投资理财中有其不简单的一面，这是事物的辩证法。因为在投资理财中，还可能会涉及历史、社会、经济、金融、哲学、数学等领域的知识与智慧。毫无疑问，广义的投资理财远远地超越了狭义的以货币为主的投资理财的范围。不过，本书的重点是介绍以货币为财富代表的投资理财知识，这对于绝大多数人来说是非常实用的，具有很好的参考价值。

第❶章 理财博弈要"知己"
——认识自己

俗话说:"眼观四方难向里,看尽万物未知己。欲知心音和谷应,深寂时分反躬省。"

任何一种博弈都需要知彼知己,这项工作做得越细致,胜算的把握就越大;反之,即使明白要知己知彼,但工作做得不够扎实、细致和周全,也会造成离目标的准确性差距太大,那么自然较难取胜。投资理财离不开工具、方法和目标的选择,而这些选择和每一个人的思维、心理和个性等都相关。因此,在投资理财博弈中,需要深刻认识自己,这就是知己知彼中的"知己"。

第 1 节　财富就在你心中

人欲解天意，天不解人意。笑问远行人，朝东或朝西？

人们在许多事情的理解上仁者见仁、智者见智。但在竞争的社会里，竞争的结果终究有高低，甚至有胜败之别。谁都知道，财富的管理将影响人们现在的生活和未来的人生。任何人，倘若因为藐视或忽视对财富的管理而让财神爷的鞭子狠狠地抽打在自己的身上，让他感受到贫穷的酸楚、贫困的潦倒、破产的无助，那他就会明白，这正是他当初对待财富不慎的结果。人生没有后悔之药，所以自古以来圣贤一直谆谆地告诫我们，"人无远虑，必有近忧"，凡事"预则立，不预则废"。

话好说，事难做。究竟什么样的考虑才是远虑，或者说究竟如何决策才是正确的预见和预测，恐怕不是人人都能轻而易举地做到的。显然，要做到正确的预见和预测，就必须了解相关的知识和信息，掌握许多相关的方法和思想，对搜集来的相关信息进行分析并加以判断。更重要的是，还需要进行独立思考，要拥有创新思维，对所拥有的信息进行有效的应用。就创造财富而言，要是我们有更深厚的财富基础知识，对财富有更科学的理解、有更好的掌控，就定然能拥有更多的财富。对于投资理财而言，要是能够了解更多的投资理财知识和信息，了解得越深刻，越有创造性的思维，就能更好地践行财富管理。无疑，思想指引着人们的行动。所以，拥有什么样的财富、拥有多少财富，都与投资者的思想、行为紧密地联系在一起。这些思想及其所产生的行动，都取决于人们自己的心。

人的意识是由人所接收到的信息流通过大脑处理器加工后形成的。在大脑处理器处理新的信息流的同时，人的原有的概念、知识、情绪反应等也一并参与了信息的传送、处理等。因此，如果想具备良好的财富创造意识，就必须具备良好的财富观念、财富概念、财富知识。这样，人们就能更科学地处理新接收到的财富信息，更好地诞生财富的创新思维，也就能更有效地做好投资理财。在财富意识和理财观念不断增强的过程中，财富意识就自然而然地贯穿于整个人生了。

财富的观念多源于生活的需求，财富观念的强烈程度也多源于对生活追求的高度，抑或说源于生活的被逼迫程度，源于对财富渴望的程度。它是创造财富的始发意识流，但并不意味着财富观念强就能创造出大量的财富，还必须通过对财富形成正确的概念和知识，通过对财富的科学认知和采用正确的方法，通过一系列的脑力劳动和体力劳动，才能最终形成真正的财富。

正确理解投资理财的概念和知识，能极大地帮助人们做好投资理财，它是创造财富的一个重要方面。

财富的智慧来源于超乎寻常的想象、强烈的财富观念、正确的财富知识、科学技术的新发现、对财富的探索和实践……更重要的是，它来源于这诸多方面的结合。财富的智慧有无穷无尽的表现方式，但不管以什么样的方式表现出来，也不管财富的智慧是多么宽广和深厚，都发自于人的心中。人心中的信息、意念、情绪和情感等都决定着他的思想、智慧、行动和财富。从投资理财的角度来讲，这意味着，如果投资者想在投资理财中尽可能好地发挥，那么就必须对市场中各类资金（或资本）的成长方式、投资方法及投资特性进行充分而细致的分析和研究。在这方面做得越全面、越透彻，投资理财就会做得越好。假如投资理财者在某一投资领域有特别的专长，并能够下功夫去研究，那将有助于他获得良好的回报。但如果他确实没有时间和精力对这一方面做全面、透彻的了解，也完全可以选择委托理财。即便如此，如果投资者能在投资理财的大方向上有大致的了解，那也能助他更好地做好各种各样的选择和安排。无疑，如果他有了正确的投资理财的观念、概念和知识，再经过千锤百炼的实践，心中定会滋生出投资理财的智慧，定会发展出用投资理财来创造财富的一技之长。

需要提醒的是，在诸多投资理财思想中，法律意识非常重要，人们必须牢固树立。将法律作为投资理财的根基，正是人们常说的"生财有道"中的"道"字。违法理财，风险巨大，这是许多法律知识欠缺或法律意识淡薄的人所犯的最大错误。有人想钻法律的空子，想得到更大的利益，却不知一旦违法理财，往往会遭受灾难性的财务后果，不但会受到法律的制裁，还可能或轻或重地对他人或社会造成损失。所以，按照法律进行投资理财，是利于自身发展、使自己立于不败之地的根本。因此，要做好投资理财，就必须了解相关的法律法规，通常包括税法、保险法、证券法、财产法、企业法及其他相关的法律法规。

要是一般人不能清楚地理解有关的法律法规，那就最好请有关专业人士如律师等来协助你搞清楚。尤其是在事关重大的利益时，这样做可以避免使自己陷入被动。

此外，投资理财的思想和方法要尽可能地与时俱进，尽可能地跟随社会的现代化而现代化。比如，可以应用现代科学理论（如信息理论、控制论、系统论、运筹学、博弈论等思想精髓），可以应用现代技术的装备（诸如电脑、网络、智能手机等现代最新工具），使我们获得更为及时和准确的投资理财信息，从而能更好地在投资理财的博弈中运筹帷幄，使投资理财效率更高、效果更好。

总之，财富的观念和智慧都存在于人们的心脑之中，这些皆关乎投资者所拥有的信息、意识、精神和力量。究竟能不能更好地理财，使用资本和创造财富，取决于投资者自身。除了大自然奇妙的鬼斧神工，也只有人类才能自主地改造世界和创造财富。因此，完全有理由说，创造财富，关键就在于人类的精神，就在于你我的心。认识自身心灵的伟大力量，是自我认识的第一步。

斗转星移，多少年来，太阳每天照样升起，人的心中也总是满怀财富的希冀。如今，"钱"不知让多少人千辛万苦、披荆斩棘。然细沉思，却是：钱，常使人郁闷心悬。千寻转，了悟在心尖。

第 2 节 理财动力是根本

我们为什么要理财？理财究竟为了什么？理财需要用心吗？

这些问题的回答，都取决于人们对理财的感悟、认知及意识动力。没有强大的理财意识动力，是难以深刻地认识理财精髓的，也是难以卓越地实现理财目标的。理财的意识动力，既与人们对生活的关切程度、追求财富的热望程度以及财富价值的理解深度密切相关，还与人们的财富"生于忧患，死于安乐"这种居安思危的意识相关。

通常，人的投资理财的意识动力多源于以下几个主要的人生目标：

第一，人们最为关注的是自己和家人的生活保障问题。当人们关注自己的收入时，自然就会关注自己的收入是否能满足自己和家人的生活需要，是否能够保障自己和家人的长远生活需求，是否能满足自己和家人各方面生活的改善和进步的需求。当认真考虑这些问题的时候，自然就会想到要如何进行投资理财。

第二，希望造福于自己的后代。这个想法是许多人都会有的。古今中外，谁不爱自己的儿孙？谁不望子成龙、望女成凤？人们无不希望自己的后代能够过得更好，这本就是人类美好的愿望。天下父母大多努力劳动、艰苦拼搏、艰难创业，只为了让后代过更好的生活。因此，无数父母密切关注家庭财富的合理安排和更好的积累，从而产生了投资理财的动力。尽管也有人认为富有会害了孩子（也确实有这种情况发生，但这完全是可以避免的），但更多的人还是选择为孩子创造更好的条件。

第三，希望能够造福于社会，这也正是诸多社会杰出人士的崇高理想。他们创造了巨额财富来践行这一理想。在这方面，大家最为熟悉的莫过于诺贝尔奖了。如果我们的国家和社会也有这样的甚至更好的基金，国家幸哉！百姓幸哉！未来幸哉！

这类基金通常金额有限，但通过投资理财管理，几近生生不息，这能更有效地实现基金设立者的美好夙愿。但如果不通过有效而卓越的投资理财，有限的资金，即使是十分庞大的基金，也会日益耗竭，从而削弱基金所能发挥的作用。

所以，创造出巨额财富的杰出人士，依然需要凭借投资理财的理念，来有效地实现其更大、更长远的理想，以对社会、国家、人类以及未来做出更卓越的贡献。

理财的意识动力依赖于人们对生活追求的高度，进而决定人们发挥理财智慧所可能达到的高度。在这一方面，你认识你自己吗？

第 3 节　微妙的财富心理

财富观是人类社会的独有观念。财富观念的强弱有赖于人们自身的财富意识、对财富的理解和把握。财富也能反作用于人的心智。面对财富的种种形式、特性和力量，人们是否了解自己的财富心理呢？

财富既可以通过物质的实体形式呈现，也可以通过符号性的虚拟形式呈现，还可以通过看不见的精神和文化的形式呈现。当人们看着眼前的房子，摸着身边的金条金块，抑或欣赏着一幅绝世古画，这些财富在他们心里所产生的感觉肯定是具体的。这类具体的感受活动大多是愉悦的，也大多能唤起人们美妙的联想，令人久久地回味和感受着这种具体的财富快乐。这是人们追求财富的强大动力之一。但是，要是把这些具体的财富都换作数字的钱，这时的财富便就以符号的形式呈现了。可以想象一下，如果把银行户头上百万位的数字变为千万位的数字，要付出多大的努力。可在数字财富的表现上，仅仅在原来的数字末尾多个 0，而这一个 0 对有的人来说，对情感的冲击力是巨大的；但对有的人来说，多一个 0，就好像是零感觉。我们来看看有关数字财富对人们情感的作用。某人投资股票，第一年亏了 50%，同期指数下降了 38%；而第二年的投资收获，是在第一年亏损 50% 的基础上实现了 100% 的回报，而同期指数上升了 120%。投资者经过两年的努力后，感慨良多，而且也颇有收获感。除了他的经历可作为一种精神财富外，尽管他的账户上的财富经过两年的辛劳未有多一分的收获，但他仍可以向他人炫耀：他去年亏了 50%，今年赢了 100%。毫无疑问，100% 大于 50%！在这个数字上，有收获感也似乎是自然的事。因此，当他的朋友们问他这两年投资股票的业绩时，他用"第一年亏了 50%，第二年赢了 100%"来描述，乃至于他的朋友们在未深思的情形下，也觉得他颇有收获。另一个例子是，有某个国家的元首，在他的国家经过两年的经济动荡后，就曾这样对他的百姓宣称他治国的才能和功绩：去年经济虽然下滑了 50%，但今年却增长了 100%。其实，这只是又回到两年前的起点状态。从下面的故事中，我们还可以进一步看到财富的数字形式是怎样对人们的心理产生影响的。

某人有一天看到了报纸上刊登的一则新闻，说是央行印钱印得慢，要招更多的人去印钱。于是他就开玩笑说："在同样一张纸上多加一个0，不行就多加两个0，不就省事、省人力、省纸、省时间了吗？"有人附和道："央行笨，就是在浪费。"有人却大为惊愕，如果面值1 000元、10 000元的纸币在此时出现，搞不好物价会飞涨。其实大家都知道，如果国家需要在一张纸币上印面值100元、1 000元、10 000元甚至100 000元的钱，都是可以做到的。但是，究竟印多大面值的钱对民众的心理冲击和对社会的影响却大不相同。因此，一张纸币上所印的100元或10 000元，并不只是表示财富的数字而已。财富数字的符号对人们的心理活动有着巨大的影响。

还有一个例子有，许多人建议某人投资股票，但他就是不同意。他说，他看着财富数字上蹿下跳会睡不着觉，这会极大地影响他的工作心情，他更喜欢投资踏踏实实的财富。他专心致志于工作，把挣来的钱几乎全投到房地产上。说来也是难得的事，到2014年为止的近十年来，房地产一直是保值和升值的最好的资产。他无心于深研投资，却使投资得到了最佳的回报。这也许应了人们通常所常说的"有心栽花花不开，无心插柳柳成荫"的情形。当然，本书在这里说这个例子，并不是要否定投资理财的优势，而是要说明财富数字的符号对人们的心理影响。同时，这个事例在这里也附带说明了，有时人与事的成功与机缘巧合也有很大的关联。自然，在这机缘巧合的背后，通常也还包含有在特定时代条件下人们的处世和对待财富的心态。人要做自己喜欢的事，这是一个极其重要的选择原则。在投资理财工具的选择上，也应该要遵循这个原则。世界上最好的格言之一就是"爱好成就天才"。因此，只要你爱好你所选择的有效的财富工具，那么你实现切合实际的财富目标应当是大概率事件。当然，在实现财富目标的过程中，可能会有曲折起伏，但你因爱好而潜心探索，应当会有很大作为。无疑，由于主客观的原因，不能把有爱好等同于成功，也不能把有爱好等同于成为天才，完全的极端化和绝对化是不可取的，也不可能让梦想成为现实。但这并不能否定"爱好成就天才"的积极意义。因此，你不妨问问自己：你喜欢什么？

有人选择不做股票投资，这与他的个人心理活动和心态有关。如果他做他不喜欢的事，也跟随周遭的许多人一同在股海里沉浮，那他就很可能落得个鸡飞蛋打的理财结局。因为他看着股票价格的上蹿下跳会睡不着觉，也无心于潜心研究股票，所以，他投资股票的成功率很可能不大，甚至还会极大地影响他的专业工作。在这里，有必要指出的一点是，潜心于科学和文化研究的人，虽然他们可能没多少物质财富，但他们对于社会来讲，无疑具有极高的财富价值。这些人除了拥有丰富的精神财富外，还拥有人生最大的财富——为人类寻找更大的财富，而不在于为自己寻找更多的物质财富。他们个人的物质财富则有赖于国家和社会对他们的认同程度以及其他因素。显然，从这一方面来说，这与我们要鼓励大众重视投资理财并不矛盾。

所以，要是你认为潜心于自己的工作或者研究是更有价值的，那么，你就应当坚定自己的人生价值选择。即使从理财的角度看，这也是正确的人生选择。

财富具有强大的现实功利特性，人们对此感受深刻。这种深刻感受常常会使许多人在心理上产生对财富的崇拜，而对财富功利性的崇拜可能会导致许多人对自己的人生价值取向、奋斗目标和精神操守产生困惑。许多人会陷入对财富功利性的崇拜中难以自拔。众所周知，人们在对待财富的功利性作用时，存在人性的弱点。在追求财富的过程中，人们需要克服人性的弱点，而这是人生一项巨大的挑战。

财富除了有现实的功用特性外，还会使拥有者产生精神上的愉悦感与优越感。之所以某些人会有"笑贫不笑娼"的怪异想法，是由于钱作为财富所引发的"精神"优越感把丑陋遮蔽掉了。此外，虽然中国人素有"财不外露"的古训，但许多人仍然会经常炫耀个人的财富以表现其优越感。这种财富的优越感要是源于勤劳和智慧，且它惠及社会，那倒也值得肯定。但是，若是财富的优越感达到了"有钱便是娘"的境地，那么，在个人和社会的精神层面上，都将形成严重的负面冲击。如果个人为了发财而不择手段、巧取豪夺，那对社会的破坏作用更是不言而喻。更值得警惕的是，要是社会中的某一部分人或某些团体从这些巧取豪夺者身上得到一些捐赠或者好处便给予其颂扬，那将会使社会的阴暗面更加严重，将会导致社会的公平与正义严重扭曲，这是极其危险的。在财富的优越感的迷惑中，人性的弱点昭然若揭。

同时，在财富功利性的驱动下，在财富优越感的诱导下，不少人在累积财富的过程中会急功近利。但事实上，许多事情并非一日之功，还得有水到渠成的平常心。只是许多人并不了解这一点，或者总认为自己有特别的能力可以超越这一点。于是，急功近利的心态欲抑还休，结果在追求财富的过程中，就身不由己地违背了客观规律，超出了自己的实际能力。

　　值得注意的是，在探索财富增长的过程中，相当多的人还会被短期的成功冲昏头脑，以为自己在这方面顺风顺水、才华横溢，甚至会觉得自己就是天才。应当说，在短时期内取得投资成功确实能证明投资者在所介入的投资领域有不错的才能，甚至颇有天赋，但相当多的人未必真是如此。我们可以从各行各业看到，创造财富的真正成功者毕竟只是少数。这一事实足以证明，许多人只是盲目自信、侥幸得利而已，他们在未来的投资行为中，多会采取超越自己能力和控制力的融资方式，从而极易陷入财务危机之中。在投资理财中，这是出现大问题的最常见的情形。这里面既有才智方面的因素，也有心理方面的因素。从心理方面来讲，短期成功固然可以给人以信心，但若偏颇了，便可能使人头脑发热。所以，在投资理财中，面对成功，尤其是面对短期取得的成功，在增强信心的同时，一定要记得保持冷静。尽管凡事都不可能有百分之百的成功把握，但努力设法降低风险和提高博弈胜算乃是必需的。

　　财富还有一个很重要的特性，那就是动态性。这种运动特性对人的心理作用通常也是非常明显的。举一个例子来说，对于大多数人而言，当财富以股票的形态呈现时，股票价格的上升和下跌的动态性多少总会使人高兴或失望，有时股票价格剧烈地上升或下跌，甚至会冲击人们的生活。事实上，从总体上讲，各种形态的财富都有它的动态性，只是表现的方式会有差异而已。股票的波动性也只是比较鲜明的一个例子。有趣的是，虽然许多人都知道自己手上的财富会有增减变化的动态过程，却鲜有人知道自己手上财富的增减动态过程与社会财富的增减动态过程有什么联系。许多人会在这一过程中变得更加富有，但也有人却可能在这一过程中变得相对贫困。

另外，在财富的运动过程中，有一种情况会对人们的心理产生巨大的冲击和考验，那就是财务危机的出现。一旦财务危机爆发，基本上无力挽救，那么此时便是考验人的品格和心理承受力的一种极限状态。需要提醒的是，在财务危机初现时，抱持怎样的心态以及用怎样的才智去解决危机，对危机的发展会产生至关重要的影响。在心理上，有人在危机初现时麻木不仁、任其发展，自然最终会陷入财务危机的泥淖之中。而有些人则在危机初现时心慌意乱，甚至想蒙混过关，以火救火，以水救水，结果越发不可收拾。纵然这其中似乎也有破釜沉舟、不成功便成仁的心态，但还是危害极大的盲目心理状态。我们时常看到一些似乎很成功的商人突然间落荒而逃、人间蒸发，除了一部分人是故意设局欺骗他人之外，还有一部分人就是心态的错误引发所致的。但也有人会在危机初现时即刻严肃认真对待，全力采取措施解除危机，或者采取保全措施阻止危机发展，从而从危机中走出来，然后再仔细考虑和筹划今后的发展，再图他日东山再起。这是化险为夷寻求再发展的正确心态。总之，在追求财富的过程中，一定要警惕人性的弱点。

人的心理活动是很微妙的，有些心态是在特定环境或情境下的特定表现。在人们的心理活动中，还有一种现象常常被人们忽视，那就是在特定的环境下，人们的心态有可能从平衡状态走向不平衡状态，比如一个准备进入股市进行"高抛低吸"的人，他的初始心态大多较为平和稳定，也似乎懂得什么是"高"和"低"，但当他真正进入股市后，心态就没那么平和了，他的心似乎也跟着股票价格的上涨和下跌而跌宕起伏。当他看着高有更高、低有更低时，这才仿佛开始不明白什么是"高"、什么是"低"，开始慨叹这么简单的"高抛低吸"原理却是那么难以做到。许多人至此进入了心态混乱的状态：明明知道"高抛低吸"才能赚钱，却总是不明不白地"割肉"，甚至"砍大腿"。大多数人的心态都是动态的，有的人则更是会在某种情境下失控。

当人们的心理状态从平和稳定趋向不平衡且不平衡强化到一定程度时，就会使其心理状态严重异化，思维也逐步走向极端，此思维定式再反作用于严重异化的心态，这时的心理和思维就很可能会同时走向极端，从而带动行为走向极端。这种情况出现的话就非常危险了。一旦失控，对自己或对外界都可能产生极为不利的影响。所以，人们控制住不平衡的心理，采取措施让心态回归平稳，是非常重要的。在追求财富的过程中，也一定要注意控制不平和的心态，要让心态回归平稳。有不少人就是因为在这方面失控而滑向深渊并最终崩溃。应当指出，以过度的融资方式进行投资理财的投资者，出现这种心态的概率偏高。

众所周知，投资理财的成效与人的心理活动紧密相关。著名的投资理论家厄雷格姆说："决定投资收益高低的关键是投资者自己。"这句话既强调了投资者投资理念和素养的重要，也强调了心态和心理活动的重要。所以，认识自己，把握好自己的心态，做好正确的决策，是投资理财取得成功的不可忽视的方面。

第4节　性格与理财风格

俗话说"人上一百，形形色色"，人的性格是多种多样的。为了说明人的主要心理特质、性格特征与理财风格之间的关系，这里从社会活动中常见的人的典型性格特征以及投资理财的相关行为的视角做以下划分和说明：

（1）决断型。这类人勇敢、豪放、果断，在社会行为上则多表现为有领导特质，通常勇于承担自己的果断抉择所带来的后果和风险。

（2）商议型。这类人随和、稳当、谦逊，在社会行为上多表现为宽容、博采众长、与人为善的特质，通常善于借用别人的智慧。

（3）跟随型。这类人通常在心理和情感上容易受他人影响，在社会行为上通常选择跟随和迁就。实际上，跟随型的人还分为智慧跟随型和非独立跟随型两类。所谓智慧跟随型，就是主动紧随富有智慧的开拓者，这是降低风险和提高成功可能性的一种谋略和智慧。非独立跟随型，就是不具备独立开拓和独立决断的能力与心理素质，通常是被动跟随。

（4）开拓型。这类人具有好奇、冒险和创新精神，在社会行为上通常表现为特立独行、不随波逐流、思想新颖、性格刚强、勇于变革和创新。开拓型的人常常会把突破、创新、发明和发现当作自己人生的最高价值和生活的最美好追求，即使历尽千辛万苦，他也会坦然面对、无怨无悔。这种性格的人取得突破性成就的可能性会比较大，但也付出的较多。

（5）复合型。实际上，一个人的心理、思想和性格不是简单划一的，在性格上通常是上述几种典型性格的复合体，人的性格还是变化的，同时年龄对人的性格是有影响的，年轻时所具有的富有冒险精神的性格，年老了就可能削弱了或者没有了，甚至可能变得相当保守了。

接下来，我们再来看看性格与投资理财之间的关系。

（1）进取型。在投资理财的收益与风险的关系上，这种类型的投资者更倾向于承担较大的风险，以获取更大的收益，但也会充分注意到风险带来的危害性。

（2）急躁型。这种类型的投资者在投资理财时重点关注其收益的多少和速度，希望能迅速取得较高收益，而对投资理财的风险往往关注不多；即使偶有关注，也会不顾风险所带来的危害而去追求高收益。

（3）保守型。这种类型的投资者在投资理财的收益与风险的关系上，更倾向于把财务安全放在第一位，把收益放在第二位，极其重视风险的规避，或者不愿意承担风险。

（4）平衡型。这种类型的投资者在投资理财的收益和风险的关系上，兼顾收益与风险，愿意承担适当的风险，以取得适当的收益；也常倾向于在若干投资理财的品种中，采取适当的比例进行分配，以达到收益与风险在某种程度上的平衡，讲究平衡的策略。有时，当他们难以全面深入地了解有关投资理财的品种时，也会选用平衡策略。

（5）稳健型。这种类型的投资者在投资理财中，会在充分注意控制风险的基础上力求取得较好的收益，通常也更加重视分析风险产生的原因，并极力对风险加以有效控制，以确保获得稳健收益。

（6）期望型。这种类型的投资者把投资理财的收益期望放在第一位，然后再考虑相关的投资理财的品种是否符合自己的期望。这种期望型理财风格通常又可分为合理期望型、高期望型和可靠期望型三种。

（7）跟随型。这种类型的投资者在投资理财上通常选择跟随他人的策略。比如，B选择跟随A，则通常是因为B认定A是判断能力较强的人或者是投资理财的专业人士。B的思路是：既然能力较强的A愿意在一个相近的目标方面敢于先承担风险，则他也愿意跟随A承担相同的风险，并跟随A实现相类似的投资理财目标。类似的情形，我们还可以在市场开拓方面看到：B

选择跟随 A 的策略是，若 A 初现成功，则 B 选择马上跟随；若 A 失败或呈现失败倾向，则 B 终止跟随，如此就规避了风险。此种策略有利有弊，需辩证看待。

（8）创造型。这种类型的投资者在投资理财时，强调自己独到的独立判断，有自己独特的突破理念和技巧策略，寻找建立自己具有创造性或者创新性的投资理财之道。这种类型的人可能会遭遇更多的挫折，但取得成功的可能性也更大。

第 5 节　财富目标

每一个人的心中都会有自己的财富目标，财富目标不同，投资理财的标的、工具、策略等方面的选择也会有所不同，甚至在思维和心态上也有差异。将个人的财富目标作若干划分，将有助于人们对自身财富目标的认知，也有助于人们做好投资理财策划。

一、实现财务形态的财富目标

人的追求是无止境的，财富追求也不例外。由于一个人在时间、精力、才智和财富基础等方面存在着相应的局限性和条件制约，所以，许多人在选择财富目标时，必然要考虑其现实性。于是，在大多数情况下，财富目标就具有了阶段性和时效性的特点，会随着时间的变化而变化。尤其在财务策划上，这一财富目标的特点更为鲜明。在投资理财中，主要讨论的是以财务为表征的财富目标。

1. 以保护已累积的财富为目标。当人们通过辛勤劳动累积了一笔不小的财富以期保障未来的生活时，如果仅仅按目前的货币购买力来计算和安排，很有可能会准备不足，其中，最重要也最容易被人们所忽略的因素是通货膨胀。这时，如何保护自己已积累的财富，就是人们不得不考虑的问题。现在有三个方面的问题需要注意：第一，通货膨胀会造成货币贬值，如何采取有效措施抵御通货膨胀，如何使现有财富实现保值和增值。第二，如果遭遇恶性通货膨胀，那么，如何采取措施保全现有财富，以避免受损。第三，若个人和家庭成员遇到天灾人祸而需要巨额财务支出时，如何抵御这个风险。上述都涉及投资理财究竟该怎么做，该如何有效地使用投资理财工具的问题，明白哪些是抗通货膨胀的投资理财工具，哪些是保护性的保全工具，哪些是具有超越通货膨胀速率的能获得潜在收益的投资理财工具。

2. 以保护可累积的财富为目标。比如，如果 A 正常工作，每年的稳定收入有 10 万元，那么，若以工作 10 年来计算的话，A 就会有 100 万元的收入。显然，这里有一个极其重要的前提，就是 A 必须能够工作 10 年以上。但假如 A 在 10 年内遭受意外的灾祸，那么很可能就不能完成 100 万元的财富收入目标。究竟怎样才能确保有这 100 万元的财富呢？ A 可以选择为自己买一份保额 100 万元的生命保险（连带伤残），这样，就可以防止因意外事故的发生而使他未来可拥有的财富缩水。这是易被许多人所忽视的，但事实上，这是一个非常重要的财务安排。因为任何人累积一笔财富都需要一定时间，因此人的寿限是一个非常重要的问题。许多人采取的听天由命的态度是很消极的，消极的态度会造成消极的后果，就有可能给自己和家人带来无限的苦痛。现代人的观念应当是提倡积极的应对策略，重视积极态度的正面作用，强调积极精神的成功价值。在欧美国家，大家非常重视和强调"positive"这个词，"positive"这个词已深入人心。这与中国人"生死由命，富贵在天"的人生观有很大的不同，是值得我们深思和借鉴的。

3. 以抵御重大冲击为目标。现实生活让许多人明白，如果我们不是巨富，那么，我们的财富和生活一旦遭受重大冲击，就势必陷入困境。这些重大冲击包括家庭主要收入者的生命出现意外（重病、伤残和死亡）、家庭成员遭受重大疾病等。为了抵御这些重大冲击，在投资理财时做适当的考虑和安排是有必要的，这主要通过保险工具来实现。当然，也可以通过投资和保险相结合的理财方式来实现。

4. 以保障养老为目标。在这个问题上，许多人都会犯错误。举个例子，假设在1990年，一个40岁的人要规划他60岁退休后的生活，那他很可能会以每月一二百元的生活费（这时一二百元的工资已是不低）作为基准来安排，并很可能会认为这样就可以让他将来过上良好的退休生活。但2014年的情况清楚地表明，在他2010年60岁退休时，一二百元能否让他吃饱穿暖都不确定了（这里假设不考虑他有退休金或虽有退休金但退休金没有跟着物价同步上涨的情况）。所以，投资理财养老也必须要有前瞻性，要动态地看问题。谁在这方面做得好，谁的养老才会更有保障。每一个人应尽力做好自己的养老安排，这是解决自己养老问题的最实际的途径。显然，在这方面，投资与保险两个工具都可以选择。

5. 以培养下一代为目标。为了培养孩子，天下父母费尽了心。做父母的都希望自己有足够的财力让孩子接受更好的教育。为了达到这个目标，相关的投资工具和保险工具都可以考虑使用或结合使用。

6. 以确保致富为目标。即在现有财力的基础上，进一步提升财力以达到自己所认可的生活水准——社会平均财富实力中等偏上。要确保实现这个目标，投资与保险工具的结合使用，会有相当好的效果。举个例子来说，假设 A 与 B 两个人目前的财力相当，两个人的家庭月收入各为 8 000 元，两个人的工作状况相当，他们的家庭生活开支也相当。再假设这两人的生老病死的人生过程相近（并假设都没有社会医疗保险），但在投资理财的思想和观念上有较大的差异：A 因为对投资理财的工具不接受或者不太了解，每月净剩余的 3 000 元全部作为普通存款存入银行，年利息率约为 3%。而 B 则对投资理财的工具较为熟悉，把每月净剩余的 3 000 元中的 1 000 元买了一家人的生命和医疗保险（为主要收入者买了较高份额的保险），保险储蓄存款部分二十年的年平均收益率约为 5%，而把另外的 2 000 元做经过认真研究的投资，扣除波动风险后，其二十年的年平均复利率约为 10%。

又假设 A 与 B 两人在这二十年中的第十年都有一次不顺利，均花费了 30 万元的医疗费。这时，由于 A 没有医疗保险，前十年的积蓄加利息在扣除了这 30 万元的医疗费用后所剩无几，主要靠后十年的累积。而 B 则由于买了医疗保险，对前十年的积累影响不大，且在这二十年中，保险存款部分是以 5% 的复利率累进收益的，而投资部分也是以 10% 的年复利率累进收益的。这样，A 与 B 这两人就因为理财观念和规划的差异，二十年后，B 的财富比 A 高许多倍。所以，不同的投资理财安排，对不同的人是否能保证实现自己的财富目标会产生很大的差别，往往我们几十年辛辛苦苦的忙碌和奔波所获得的财富，可能敌不过一个好的安排。

7. 以保障现有生活水平为目标。如果我们希望未来的或是退休后的生活水平至少能够保持现有的生活水平，那就必须对未来的生活费用进行预测和规划。虽说这样的预测并不容易，但凡事预则立，不预则废，只有这样，我们才能心中有数。假设某人退休后的各种生活费用加上通货膨胀的因素，需要 100 万元，那就必须规划如何能实实在在地拥有这 100 万元。这时，若能利用好保险和若干投资工具，自然就会对实现这 100 万元的财富目标产生积极的推进作用。

二、实现以物质形态为表征的财富目标

有人喜欢看得见、摸得着的财富，比如说房地产和金银珠宝等。要积累以这些物质形态为表征的财富，也是有策略的。以房

地产为例：第一，要考虑到房地产所处地点的升值潜能。第二，要善于运用银行贷款，这实际上就是运用投资的杠杆功能。第三，要保证自己的还贷能力，还要购买房地产还贷能力的保险。因为一旦还贷能力出现问题，就可能发生不能拥有这个房地产的情况。

三、实现以精神形态为表征的财富目标

所谓的以精神形态为表征的财富目标是非常广泛的，每一个人都有他自己特有的精神财富。

1. 以提升个人生活质量为目标。有的人希望累积一笔钱，意在提升自己和家人的生活环境水平，比如说居住环境，包括有更好的居住地理位置和地理综合环境，以及连带的人文精神环境等，以使自己和家人的精神更加愉悦；或为提高自己和家庭成员的生活水平，诸如更健康的生活、更好的教育条件、更好的医疗服务等。

2. 以创业为目标。有许多人希望自己的一生有所作为，创业便是其中很重要的一个选项。创业可以是创建并成功运营一家公司，以积累更多的财富；也可以是拥有一项科技发明，并把它转化为生产力；还可以是从事科学理论、文学艺术、社会文化、经济、历史等方面的研究。人们为了更好地创业，通常需要自己奠定一定的经济基础。而做好投资理财，就可以为奠定这个基础发挥积极的作用。只要深入地了解投资理财思想，熟悉投资理财的工具和产品，就可以更好地为实现这个目标服务。

3. 以设立奖励基金为目标。还有些人希望通过设立奖励基

金为社会做出更多的贡献，并希望所设立的基金能够更长远地发挥更大的作用。而要实现这一目标，充分地发挥投资理财的功能便具有非常大的意义。

4. 以人文关怀为目标。一些人希望能为遇到困难的人伸出援助之手，当其他人遇到不幸便有恻隐之心，总愿意慷慨解囊。这样的人拥有博爱的情怀，但需要实实在在的经济基础，假如能够善于投资理财，那么，在人文关怀方面，就可以做得更好。

第 6 节　自适应原则

在自我认识中，认识自己的长处非常重要。在投资理财时，许多人对五花八门的投资理财工具不知如何选择。因为每一个工具都有它的特定功用，服务于不同人群的理财目标。对此，有的人就会问了："那我应该选择哪一款投资理财工具呢？"这首先要分析理财者自身的情况，具体来说，包括年龄所处的阶段、受教育程度、性格爱好、风险承受能力、理财目标、身体健康状态等。甚至男性与女性对投资理财工具的偏好都有所不同。总之，适合自己的就是最好的。这叫自适应原则。

举个例子来说明，曾经有一个理财顾问给一个顾客介绍了一只股票型基金。这个顾问给顾客详细分析了该股票型基金的若干优势和注意事项。因为顾客对这个理财顾问的水平信得过，见其也分析得不错，听了还觉得十分在理，于是就采纳了该理财顾问的意见，投资了该股票型基金。但他并未在意理财顾问具体所说的若干注意事项。他买的股票型基金恰遇较大的调整，连连下跌，几个月时间亏了总额的近五分之一，该顾客一气之下把股票型基金全卖出了，甚至还责怪该理财顾问。过了两年，该股票型基金的价格翻了几倍。由此可见，这位顾客不适合做股票型基金和股票等高风险的投资理财。他不能理解和接受这类投资在短期内可能有的大波动，承受风险的能力较差，而对相关的投资理财工具也没有做深入的了解和掌握。话说回来，即使理财顾问给他做了讲解，他也未必能深入地理解和掌握。所以，这位顾客并未从水平较高的理财顾问那里得到任何益处，反而遭遇了投资亏损。因此，理财者最重要的是要了解自己，谁也无法代替你了解自己。

在那么多的投资理财工具中，很多有强大的杠杆作用，有的变化幅度极大，对投资者的心理冲击巨大，是对人性的极大考验，也会对操作策略得当与否形成巨大的挑战。没有"知己知彼"的足够深度和自信，是不能有效应对的。只有做自己喜欢的、熟悉的、能够适应的、擅长的理财产品，才能更好地在理财博弈中取胜。

第 7 节　简单真好

大道至简，至简至善，至善——至明至乐。

倘若有一个简单的东西，能使人们在复杂的博弈中获胜，那是再好不过的。尤其是在利益攸关的博弈中，简单的东西更是人们梦寐以求的。但我们必须要知道的是，简单的背后大抵都隐藏着事物的内在联系及运行规律。纯粹的简单思维，既难以深刻揭示事物的内核本质，也难以在精妙的博弈中战胜高手。不过，人们要是能够把复杂精深化为简洁明了，那确实是受欢迎的，也是正确的思考方向。简单符合人们的愿望。

毫无疑问，对于每一个人来说，越是简单的东西就越容易掌握，越容易牢记于胸，也越容易正确发挥。因此，我们不妨问问自己是不是善于寻找简单。

显然，我们要让投资理财变得简单，就需揭示简单背后所蕴含的规律。

一、简单的背后

从投资理财方面来讲，下面若干个构成要素是实现简单化的关键背景。

第一，要深刻了解国际、国内及有关地区的发展方向和政策方向。许多投资者都会关注这方面的内容，但大多没有作深入的了解，下的功夫也不够，掌握的信息有限。通常，只要能理出各种信息所揭示的事物发展方向的逻辑关系，那么正确预见有关事物的发展方向应当说基本上能够实现。虽然这并不是一件容易的事，而且也不见得每次都能正确，但只要明确这个思路，多思考，多预测，多锻炼，那么，人们在这方面的思维能力总是会有所进步的，而且定能获益匪浅。

第二，要理解科学的投资理财方法并坚定地实施，绝不动摇。当我们明白了投资理财的某些好方法并掌握了某类规律，且认定这是一套行之有效的科学方法后，就必须坚持下去不动摇。

第三，要正确地认知各类投资理财工具的合理平均收益率、优点与风险。寸有所长，尺有所短，用得合适，各得其所。

第四，要有平稳的良好心态。不平稳的心态将会严重干扰理财的思维、决策和实践，甚至造成决策和执行的屡屡失误，其结果又会反过来加重投资理财者的心理负担，导致心理不平衡。所以，采取合理的策略安排，使自己有一个平稳的心态非常重要，它能使思维、决策和执行更趋于理性。

第五，要有合理可靠的投资回报预期。没有合理可靠的投资回报期望，就很难持续地保持理性和平稳的投资心态。这样很可能会使投资者的思维、决策和执行出现混乱，也就很难在高度复杂的市场博弈中得以实现高概率的取胜。每一种投资工具都有其投资回报的程式和大体范围的平均投资回报率，我们对此要有明确的认识，这样才有助于我们正确地选择投资工具，对投资工具效用加以正确的评估，对理财目标予以清醒的认知，能尽量避免投资损失甚至陷入投资的疯狂之中。这也是一个非常重要的方面。

第六，要了解和熟悉相关投资理财领域的本质规律。一个人或许不能完全透彻地了解各个投资理财领域的本质规律，但至少应尽力完全认识自己所关注的投资领域的本质规律。没有充分的

"知彼",不但不能有效地降低风险,而且还有可能因盲目投资而致使自己所要承担的风险剧增。所以,如果我们能深入并全面地认识相关投资领域的本质规律,兼以高度熟练地运用该投资领域的投资运作技巧,那么就可以使投资理财的方方面面相辅相成、相得益彰,还可以防止因认知狭窄、思路固化、缺乏准绳而导致风险失控。

第七,要使资金和财务处于安全状态。即便是在考虑了足够的风险后,也务必使资金和财务处于适度安全的状态。许多人在投资理财的博弈中陷入极为被动的局面并最终招致惨败的一个重要原因,就是资金和财务处于过度的风险之下,尤其是那些经济能力有限而又急于富起来的投资者。大家务必牢记"欲速不达"之箴言,切记百丈高楼始于垒土。此外,安全的资金状态和财务状态也有利于理财者保持良好的投资理财心态。应当说,让资金和财务都处于安全的状态,是投资理财的一个基本原则。

第八,要有良好的风险控制能力或控制系统。良好的风险控制能力包括及早发现风险信号、及时解除风险或阻止风险的进一步加重。这方面的能力和素养,有赖于发现风险信号的知识和经验,也有赖于果断处理风险的气魄和担当。许多人都因在风险信号出现后心软和犹豫,抱着与风险信号相反的一点希冀,导致损失累累,甚至酿下投资的苦果。当然,要是能够建立起一个风险控制系统,那自然更加理想。这个风险控制系统由计算机、通信系统、风险管理程序、风险有效控制程序等联合组成。当然,也可以因地制宜、因陋就简地简化,设计符合自己实际情况的风险控制系统，权且作为相应的替代，虽然不尽如人意，但还是有其价值。

第九，要注意直觉和常识的价值。良好的直觉与简单的判断还是有区别的。直觉通常是深刻的认知经过系统化整合后以直白的形式出现的体悟。这种直觉应当引起重视，它通常可以扭转人们疯狂的感性认识。但是我们必须认识到，简单的认知和判断并不就是直觉，两者不能混淆。另外，许多言简意赅的常识，也同样蕴含着深刻的认知道理。当事态发展到严重违背常识的时候，就要警觉我们所要认识的对象是否存在事前未知的情况。尽管也有诸多的常识未必全对，但很多常识都蕴含着深入浅出的道理。所以，当直觉和常识提示了一些信号的时候，我们必须予以警觉，认真对待，及时地做进一步的深入研究，以取得确切的认知和判断。在投资理财中，认识到这一点，就可以更好地在投资理财中顺势而为。

二、简单的形成

在投资理财的博弈中，频频失手的人大有人在，这说明了投资理财的博弈有其复杂的一面。但是，复杂的背后是什么呢？能不能化复杂为简单呢？对此也是仁者见仁、智者见智。不过，若要化复杂为简单，还得下一番苦工夫寻根本、抓核心、找规律。只有这样，才有可能把复杂化为简单，使投资理财易于把握、便于操作，使投资理财的博弈原理更加简洁明了。如是，方为更高层次的简单。

另外，当我们对财经、投资、理财的知识及其投资理财的工具都不了解时，可以选择信得过的高素质的投资理财专家来协助，这样可以节省我们的宝贵时间，而无须分散精力去学习这方面的知识。但要注意的是，即使是信得过的有水平的投资理财专家，也并不是在任何时候都能帮我们赚到钱，而若因此我们失去了对他的信任，那么，原来的良好安排就会被打乱从而遭受损失。其实我们可以做一个横向的比较，当这种比较表明信得过的理财专家可以帮助我们做到中上水平的投资表现，或者在相当长期的过程中，他能使我们的资本金实现保值并升值时，那么他就是值得肯定的和令人满意的。但要注意的是，有时候，即使是真正的专家，也有马失前蹄的时候。在这个时候，我们必须能够区别真假专家的不同之处，不能一味地怪罪于我们信得过的专家。最重要的是，我们自己要判断他是否有能力为我们的资本金实现良好的、有效的保值和升值。

第②章 | 理财博弈要"知彼"

——认识理财途径

理财之路是人生之路的组成部分。尽管许多人都有理财意识，但大多数人仍然缺乏强烈的意识去探索理财的科学性和有效性。本章希望能唤醒更多的人的自觉理财意识，从而实现财富增长。

在财富积累的道路中，有许多路径可以走。投资理财是财富积累的主要路径之一，有道是"工欲善其事，必先利其器"，学习是降低犯错成本的最佳途径。因此，对有关各类投资理财工具作更多的了解和利弊分析，无疑是至关重要的。

第 1 节　保险——理财的保护网

在我国，保险是否是理财工具目前还存在着争议。一方面，因保险业在我国目前还算新兴产业，在发展中还存在不足和问题；另一方面，因许多人还不真正了解保险的功能和作用，由此产生争议也是很自然的事。这些问题需要在进一步的发展中解决，否则，保险业本身不能更好地健康发展，那么也就不能造福于普罗大众。保险的实质是什么呢？保险又如何可以成为理财工具的呢？在回答这些问题之前，笔者先说一个与之相关的故事。在国外的时候，笔者从电视上看到一则新闻，说一位来自中国的博士留学生，突然查出患了肝癌并到了晚期，高昂的医疗费用让他一家的生活突然陷入了窘境。他的妻子已经怀孕数月情绪显得十分低落，一脸无助。主持人呼吁人们捐款，以帮助这位身在异国他乡、生命垂危、生活遇到巨大困难的博士生和他的家人。当时，这则新闻使笔者对生命的无常感到少有的刺痛和伤感，对这位有幸到国外深造的高级人才遭遇如此大的不幸深感震惊，也深表同情。

然而，笔者却有一个深深的不解：如此高知识的人才，却连如何保障自己和一家人的生活都没有考虑过，没有做一个基本的安排。可以理解的是，许多人为了拼生活、拼事业，把一些原是极重要的事都当作小事忽略掉了。很多人在经济能力有限的情况下，只能先顾眼前的生存和生活，忘却了自己的生命究竟能值几何。

　　另一个例子是，一个留学生在加拿大读完硕士后又到澳大利亚攻读博士，但在这期间一场车祸却夺去了他的性命。

　　之所以讲这两个例子，就是想让大家明白：在人生的理财旅途中，人最大的财富就是自己。不但自己的健康是财富，健康的身体还可以创造出物质财富和精神财富。所以，在个人财富的管理中，第一重要的就是管理自己的生命，要尽力防止生命和健康出问题。在迫不得已的情况下，考虑到人生的无常，为了避免自己和整个家庭的财务出现问题，通过购买保险等措施是非常必要的。在这个问题上，似乎有一个人性的弱点，就是没有人会希望自己遭遇不测，因而人们不愿意去面对这道人生的难题。人人都希望自己是幸运者，即使发生了天灾人祸，也总希望自己能有不幸中的万幸，尽管知道这世界上的幸运者只是少数。虽然说"人生十有八九不如意"从一个侧面说明了幸运之概率，但人们总不喜欢面对这一致命性的大问题。尽管这只是因为人们的思维和感觉的问题所导致的，却使一些人酿成苦果，给自己和家人造成财务灾难。另一方面，生命的价值究竟能不能通过保险的某一形式加以量化呢？这也不是完全的无稽之谈。据一位在美国生活过的朋友说，市场经济使人生更加惨烈和唯物化，如果要做抵押，若不以物有所值来做抵押，那么就尽可以用生命做抵押，从而可以从银行取得贷款。但这有一个前提，那就是生命的价值是以保险额来衡量的。这种情形在我们的生活中也许也会发生。所以说，除非国家或是其他机构给个人提供特别的保障和生命价值的体现，否则，生活保障和生命价值或者说生命的基本价值，就掌握在自己的手上。于是，保险就成了个人财富管理的第一个工具。要是大多数人能知道这个理财工具的功能，而且还能善于用这个工具为自己服务，那就一定能够从中受益。

为了让大家能够更明了保险，以下我们分两个部分来讲述。

一、保险的价值

我们先来粗略地看一下保险价值的形成过程。保险的早期概念可追溯至很久以前的互助会。大家拿出一点钱，组成一个互助会，万一哪个成员生活遇到了困难，就由互助会来协助解决。随着社会的发展，各个国家逐步建立起了不同的保障制度取而代之。虽然一些国家的保障机制在某些方面还有早期互助会的功能色彩，但不同的国家，其保障体制或机制一般会有所不同，保障的水平也各不相同，这与具体国家各方面的发展水平尤其是经济发展水平有很大的关系。在许多国家，大体上都是采用两个保障系统来互补并发挥各自系统的优势的。

第一个保障系统，就是国家保障制度或国家的社会保险制度。在这个保障系统里，如果国民主要是依靠或享受国家保障，且国民有足够满意的生活保障，则通常称该国家为福利国家。这类国家通常纳税率很高，或者换句话说，福利国家的主要保障资金来源于纳税人。这是一种类型的保险费缴纳方式。这种保险费缴纳方式是一种均富济贫的方式。而如果主要依靠个人缴纳的社会保险费来完成个人的社会保障，并且社会保障的水平取决于其个人的缴费数额，这通常可以看作是社会保障基金制度。这种社会保障基金制度的保险金缴费方式，在某种程度上，是鼓励多贡献者多得。但这种情形对于那些无法以及无法连续缴纳保险费的国民来说，就很有可能会处于较被动的情形中。

第二个保障系统，就是国家鼓励和通过保险公司，采取市场化的办法，向国民提供可供选择的国民所需的保障和保险，这就是市场中的商业保险。这类保险既然是商业的，就会有商业的特点。所以，只有对这类商业保险有清楚而深刻的认识，才能运用得当。正因如此，我们必须对保险的价值以及商业保险的特点和风险作更多的了解。

保险的核心价值，是通过风险分摊的方式来确保每个人的财务安全。国家也期望通过这种方式，使国民得以保障和维护社会的安定。在现代社会，许多风险的化解和转移都可以通过保险这个工具来实现。再者，利用风险分摊原则所集中起来的资本，又可以通过商业运作，得以（但不是一定）产生其他价值或附加值。这也是一些国家原本是由社群或国家承担的保障，被部分或全部地转轨为商业保险运作的一个原因。然而，由于各个国家保险业的发展水平有所不同，因而可能会有各自的长处和不足。但我们必须知道，即使保险业有不足，也无须因噎废食。虽然人们对保险作为理财工具见仁见智，但我们还是不妨在这里把保险工具的价值及其功能从以下几个方面作一简单阐述。

1. 确立生命的基本价值。假设 A 买了保额 100 万元的人寿保险，若 A 死亡（或残疾），则 A 可获得 100 万元的赔偿。这是保险公司理赔给他的赔偿金。所以，A的生命起码值100万元。而如果A一直健康地活着，显然，健康活着的生命是无价的。有几个人用自己的生命去卖钱？通常能够买100万元保险的人，在他生命的存续期间，一般是能够获得超过100万元的报酬的，或者说是能够创造出超过100万元的财富的。

2. 确立生活的基本保障，甚至建立良好的生活保障。经济状况不是很好的个人或家庭，可以通过较低廉的保险费用为自己和家庭的生活确立基本的保障。经济条件较好的个人或家庭，可以通过保险工具为自己和家人建立良好的生活保障。这样，当被保人重病、生病住院、残疾或死亡时，就有能力更好地医治和康复，并保证家人的正常生活，甚至还可以让自己和家人的事业维持原状，尤其是能够确保孩子的教育和发展依然继续。

3. 养成存钱的习惯。储蓄保险通常是长期计划，中断这个长期计划通常会有损失，这就逼着自己遵照原定的计划进行储蓄保险。水滴石穿，良好的存钱习惯会积累不少财富，以避免动不动就把钱拿出来花掉，而那些在不经意间花掉的钱，可能连花到哪里去都不知道。

4. 保护所积累的财富和正在积累的财富。假设A有存款10万元，再假设他没有国家医疗保障和社会医疗保险，他用存款中的2万元购买了保额各为10万元、商业性期限为20年的住院和重病保险。依简单的算法（暂不考虑利率和复利计算法），A若在保险生效期间得重病住院花了18万元，那么，保险公司对其重病项要理赔10万元，对其住院项报销10万元。在经过这样的重病后，A手上还有10万元（10-2+10+10-18）。而若A平安，则在扣除2万元保险费后，他还剩余8万元。但若A无上述保险，一旦得重病，其住院花费18万元，不但存款10万元全部用尽，还负债8万元。保险就这样起到了保护已积累财富的功能。

什么叫保护正在积累的财富呢？举一个例子，假设B在某公司工作，每月工资为6 000元。按简单的算法，B一年有72 000元的收入。若B以同样的薪资连续工作10年（实际可工作的年限远不止于此，薪水也可能大幅增加），则这10年就能有720 000元的收入。但这里有一个前提，就是B有能力在该公司正常工作10年。若B在这10年内的某个时间点残疾（或者死亡）了，那么，B通常会遭公司解约，也丧失了继续工作的能力，就不可能实现这720 000元的收入。虽然他也可能会有一些解聘补偿金，但一般都不可能等于他10年甚至是更多年的潜在收入总量。这两者之间的差额就是B的损失。如果B在商业保险公司买了一份（可与他工作时收入相当）残疾（或死亡）方案的保险，那么，如果B残疾（或死亡），则保险公司需赔偿上述保险方案（相当于一定时期的潜在收入额）中的保额。这样，B在无论是正常工作还是在丧失劳动能力而无法工作的情况下，都会有一笔在正常工作情况下所能够累积的财富，这就保护了他正在积累的财富或者说是未来的潜在财富。

5. 投资功能。现代保险业除了保险功能的投资价值外，还带有一部分银行或投资公司的金融商业功能。这种功能是在把大部分的保费用于投资收益并有可能具有复利的情形下发挥作用的。保险工具的投资功能会随着社会的发展而演进，因此，随着市场需求和商业的多样化，保险工具的投资功能也会更加多样化，选择也可以多样性。

6. 保险的附加值。（1）使人们的心灵安宁。有了保障，就会减少焦虑，有助于人们的身心健康。

（2）使人们的生活更有尊严。没有保障，万一不幸，可能落魄潦倒。若周遭世态炎凉，更是雪上加霜。

（3）是关爱和责任的体现。为自己和家人做万全之策，是对自己和家人的负责和关爱。毕竟世事难料，人生无常乃正常。

（4）促成一些任务的间接完成。如儿女教育任务、父母赡养任务、特别馈赠等，都可借助保险的存款功能来间接完成。

（5）节税功能。由于大多数国家都鼓励保险的保障功能发挥作用，所以，大多都规定保险金或保险投资收益是免税的。

（6）其他衍生功能。如利用保险工具进行特别的设计，可以达到某个特别的目的。具体而言，例如，可通过专门的用于购房的人寿保险方案，获得购买房地产的贷款资格等。

请务必记住，保险一个好处是，能迅速、容易、有保证和足够额度地建立起生活保障网。

二、保险的风险与不足

1. 保险方案多是长期计划，这既是保险的优点，也是保险的缺点。之所以说是优点，是因为长期的财务方案可以让投保人在财务上有一个长远的规划、保障和自律行为。之所以说是缺点，是因为在现实生活中，不少人无法按事先所做的长期财务计划实施，并且由于时过境迁的一些原因，一些人会无法实施原保单的储蓄或投资计划，这便意味着损失，甚至可能是不小的损失。这是购买保险的最大风险。许多人就是因为不理解这一点，因此抱怨保险公司诈骗，大骂保险代理员欺诈。而在这一点上，保险代理员一定要跟客户讲清楚，这样才是比较规范的做法。遗憾的是，基于利益的关系，保险公司和保险代理员虽然通常会提及这一点，但却并不会特别严肃地强调这一点。这就会使一些客户似乎明白却又没有认真对待，从而付出一些代价。因此，投保人在考虑长期的保险储蓄或投资计划时，一定要考虑自己收入的长期稳定性及财务的自由程度。

此外，在程序管理上，成交一宗保单通常并不是简单而高效的，这就导致了保单的短期成本高。保单成交后即属长期简单运作。所以，从长期来看，成交后的保单平均运作成本，经长期平均化分摊后，又是比较低的。正由于此，属于储蓄类或资金投资类的保单，若在短期内断保，损失就比较大；时间越长，损失越小，并逐渐趋向获利状态。储蓄保险若能够满期，一般有不低于银行定期利率的回报。所以，投保人应当明白，要是长期的储蓄保险的年回报率不及银行的年利息率，除非保险公司让投保人享受额外的保险好处，不然，就是保险公司管理不理想，或是保单产品设计不好，或是相关的资金运作出了特别的问题（这是任何保险公司都有可能发生的情况）。究竟这些情况出现的可能性有多高，则需依据具体保险公司的经营风险来判断。

2. 越是生活贫困的人，越是需要生活的保障，越是需要保险，但却越交不起保费。一般生活贫困的人因交不起保费而远离保险，而保险代理员一般也不愿把时间和精力花在这部分人身上。这种现象是许多人都心知肚明的。由此亦可见，在商品化的社会中，存在一种可能性，那就是使贫者相对贫困，除非有政府给予扶贫。

3. 保险种类日益多样化与细化。这既有利又有弊。有利的方面是，保险公司能为人们提供更多的选择。不足之处是，即使这样，投保人也很难能够拥有完整的保障。因为一套完整的、足够细化的保险保障，其保费不菲。而若过分强调买全各种保险，有时又显得并不经济。这时，就会有一些投保人既花钱买了保险，却又可能未能如愿拥有足够而完整的保险保障，甚至可能出现最为遗憾的情况，那就是投保人在未买某项保险方面发生了意外。尽管如此，在这种情况下，也只好退而求其次，分主次建立一个较好、较完整的保险保障。

在这里，大家还必须知道保险业的一个公开秘密，就是统计学中的"大数定理"，这个定理揭示了一个规律：在足够多的样本的情况下，某个事件发生的概率及可靠性是可预测的，比如保险中的死亡概率、伤残概率、某类疾病概率、住院概率等。在这当中，还有一个常被人们忽视的是，一个人在长期生活中发生变故或经济变化的概率很高。这就意味着长期的保单计划被中断的可能性不低。若发生此种情况，通常投保人客户会遭受损失，但保险公司却不会遭受损失，反而会受益。这取决于保单的设计情况。由于保险公司的保险计划是由精算师经严格测算而设计的，所以在一般不发生错误的情况下，保险公司总体上会处于只赢不输的商业格局中。所以，当投保人要买保险的时候，一定要注意这个关键的"长期性"对自己的财务安排带来的影响。也正是由于这个"长期性"，使不少投保人处于不利的地位。不过，现在由于商业保险竞争激烈等原因，越来越多的保险公司推出了相对较短缴费期的险种，这对于投保人来说是有利的。一般来说，一个保险方案的保费缴费期越短、方案越灵活，则对投保人而言就会越有利。

另外，储蓄保险或投资保险的回报率是否能够战胜通货膨胀率，这是应当注意的一个问题。要回答这个问题，不是太容易，通常取决于国家政治、经济和金融政策的稳定性。一般来讲，储蓄类保险的保值效果不是太好，资金投资类的保险在保值效果方面好些。

再有，如果一份保单所提供的保险价值极低，且储蓄资金的回报率又低于银行相应的定期储蓄利息率，那么，这个保险方案就没有什么价值，因为它并没有补偿投保人长期履行缴费的损失及可能发生保单断保的风险。

三、对购买保险的一些建议

1. 社会保险一定要买。通常，参加社会保险的人数量较大，从"大数定理"中可知，这类保险的可靠性较好，而且由于信誉好，参保的人多，手续更简便，保险的管理成本也较低，因此，这类保险价格也更便宜。有时，社会保险可能还有政府财政的补贴，所以，国家政策性的社会保险，作为生活底线的保障，一定要购买。

2. 购买商业保险时，购买的费用占总收入的比例不宜过大，一定要注意避免长期支付出现问题。一般来说，购买保险的费用占总收入的比例应控制在 5% ~ 15% 之内为宜。

3. 购买保险的主要价值在于购买保障。在保费相同的保单中，宁可选择高保障而回报略低的险种（或组合），这要优于低保障但回报略高的险种（或组合）。通常，要以有无保险保障作为购买保险的优先考虑条件；在有足够保险保障的情况下，可考虑增加以回报为主而保险功能为辅的险种（或组合）。

4. 若经济相当紧张，可考虑选择无储蓄、无资金投资功能的保险。这样做的话，就能够以较少的费用买到较高的保障。此类保险无任何现金价值，纯粹以购买保险的功能价值来达到保障的目的。

5. 保险保障各方面的重要性，通常是依需要来界定的。但由于不少人对保险的功能价值不是太了解，所以本书在此列出保险业一致公认的保险保障的优先次序，以供参考：

A. 死亡与残疾；

B. 重病；

C. 住院；

D. 养老计划与教育计划；

E. 其他。

通常，人们购买保险，主要是为了解决用其他投资理财工具无法解决和克服的财务风险问题。在这一基础上，若偏好保险理财，可以继续增加保险投资和储蓄。

6. 要注意保险储蓄和投资的类别，这涉及所买保险的回报率问题。除了传统保单，发达国家有直接与投资相关的投资保单。一般来说，这类投资保单的长期投资回报率还是比传统保单高一些，除非国家经济长期走向衰退，或者保险公司投资出现了问题。另外，在投资的选择上也相当重要。若选择直接与股票市场相连，那么，投资回报率就要看各股票市场的表现和投资组合结构；若选择与债券市场相连，那么，投资回报率就要看债券市场的状况以及保险公司所选择的债券类别的组合；若选择股票与债券的组合，甚至是更复杂的投资组合，那么，投资回报率通常是这些单项投资项目可能获得的回报率的平均数。总体而言，投资债券比较平稳一些。这类投资保单一般有两个优点：一是灵活性较好；二是可以践行"成本平均投资法"的科学投资策略。但也要注意，这类保单的短期投资价值并不高，也可能亏损。但从长期来看（假定超过 15 年），这类投资保单有其独特的优势。显然，这类保单的回报率既与投保人所选择的投资类型和结构有关，也与保险公司的管理水平、投资水平有关，还与保险公司所委任的基金经理（保险公司本身的或者外部的）的投资水平直接相关。

所谓传统保单。是指具有储蓄功能的保单，它一般不与直接投资挂钩，并且长期以来都是以保险和储蓄的功能面向大众的。

保险公司通常每年都会向客户公布这类保单的回报率，也称为年终红利，此红利往往必须在保单期满时才全额有效。保险公司在给客户编制保单计划时，储蓄保单通常都有一个回报预算值（有的给出多个回报预算值）。每家保险公司的回报预算值都不同。要注意的是，预算值也不是越高越好。预估值通常与三个方面有关：一是与保险公司的信誉度有关。信誉好的保险公司，一般回报预算值与实际回报水平比较吻合。二是与保险公司的投资回报能力直接相关，这是最主要的。回报预算值再高，保险公司没有能力实现也是没有用的。三是与保险公司的保单成本有关。保单成本越高，保户付出的代价就会越大。不过，在这方面，各保险公司之间的差别不会很大。

传统保单的回报预算值应该是多少呢？应当怎样来判定保险公司所提供的数据的合理性呢？首先，投保人要看看国债的回报率是多少。国债回报率与银行存款利息率密切相关。一般情况下，保险公司会动用可投资资金的70%～90%，投资在以国债为主的各类债券或者优先股上，余下的10%～30%，则会投资在股票及其他资产上。如果是国际化的大保险公司，则其资金的分布一般也会具有国际化的特征。在正常情况下，保险公司的总体回报率要略高于国债的平均回报率。若保险公司投资很激进，投资在股票等高风险产品上的比例过高，那么，除了有可能导致保险公司每年的回报率的巨大波动外，还有可能使保险公司处于较大的风险之中。所以，虽然有的保险公司有高回报的可能，但这样的保险公司极有可能安全性不太好。许多保险公司的倒闭就是源于经营与投资的失败，而并不见得是由于索赔过多造成的。因此，保险公司一般都非常注重投资的安全性问题，不会为了很高的回报而冒险。保险工具之所以在储蓄方面能给人有巨额回报的印象，其实只是复利率的时间威力在投资或数字上的体现。实际上，不切实际的高回报宣传很可能误导保户，甚至有欺诈保户的嫌疑。

如果储蓄保险的长期平均回报率相较国债过低，那么，除非获得了较高额的保险价值，否则，推出此保单产品的保险公司在管理或设计上应当是不够理想的，甚至是有问题的。

需要重点强调的是，储蓄或投资的保险计划必须通过长期才能体现储蓄或投资的功能价值，短期只能是以保险功能为主。为此，要购买储蓄保险或投资性保险，必须做好精心的策划和要有良好的心理准备。如果储蓄类保险或者投资性保险所必需的缴费年限很长，则短期内若发生保单的断保情况，就会遭受损失（这个时间的长短，一般保险公司在提供保险计划时会有所说明和体现）。

总之，深刻地了解保险，并且能够清楚自己的需要，亦即做到了这一方面的知己知彼，就能够可靠并迅速地建立自己的生活保护网和理财保护网。

第 2 节　房地产——抵御通货膨胀的"盾"

许多人都喜欢投资房地产，这可能出于以下方面的考虑：一是房地产投资是自己看得见、摸得着的投资，心里踏实，也觉得比较安全。二是许多人把买房、建房看成是一生中要完成的大事之一，毕竟安居乐业是人们所向往的。三是房地产具备保值功能以及稳健的增值功能。既然人们都这么偏好房地产，那么，如何判定投资房地产的价值与风险呢？

一、投资房地产的价值

1. 投资自住房地产，是为了满足人们自身居住的需要。

2. 投资房地产的重要价值之一，就是有很好的抵御通货膨胀的功能。

3. 投资房地产，有较好的增值功能。

4. 投资房地产，还可以用于出租，取得租金收入，有资本增值的功能。

5. 投资房地产，人们通常会采取房贷的形式进行，所以也具有相对安全的杠杆投资功能。

一般来说，房地产有以下几种形态：一是纯粹的地产；二是纯粹的房产；三是地产与房产的结合体；四是含有其他附加值的房地产的综合体，比如说，具有文化和艺术价值的古建筑等。下面，我们对房地产不同的形态进行价值分析。

（1）地产，是房地产价值的核心要素。即使没有土地所有权的房产，依然有地产使用权和地点价值的要素。投资房地产的一个主要的原则是地点。拥有优势的地点，即意味着拥有人们目光聚焦的地方。不过，如果我们能用动态的眼光考察地点，那就有可能成为投资房地产的赢家。

但土地的价值究竟如何衡量呢？在一般情况下，这取决于土地的供应政策和社会中的货币平均购买力所形成的主要买卖力量。这是一个动态的过程。当然，土地价格也受市场供需状况的趋势、社会投资文化和投资心理等若干方面的影响。

在市场经济中，投资者必须了解市场力量的波动起伏，以及这种波动起伏的惯性力量和自组织功能下的无序性。也就是说，在惯性力量和无序性的作用下，房地产价格可能出现疯狂涨跌和崩溃的情况，远远偏离当时的价值状态。之所以要说到这个问题，一是为了提醒投资者注意市场的波动特质；二是为了提醒投资者在跟风投资时要小心谨慎，因为在房地产高度泡沫时期进行投资，损失将是惨重的。

（2）房产。通常，房产与地产有所关联。房产中的土地使用权的价值，既可归入地产价值方面，也可归入房产价值方面。

土地使用权的价值与土地使用权的期限长短有着密切的关系。比如说，某房产的土地使用权限为70年，在不考虑该房产使用权接续转换的政策下，该房产土地使用权所剩的期限越短，它所能成交的价格相对越低。

（3）房地产。具有土地所有权和使用权的房产，称为地产与房产相结合的房地产。在我国，因为所有土地都归国家和集体所有，所以，人们只能购买拥有土地使用权的房地产。目前人们通常所说的房地产，也主要泛指拥有土地使用权的地产经营概念，或与房产一起经营的房地产商业概念。基本上可以说，房地产的价值或价格，是由前述的地产（主要是拥有土地使用权的地产）价值与房产价值两部分组成的。如房地产具有较高的艺术价值、文化价值、历史价值等，则其便具有较高的附加值。

二、投资房地产的不足与风险

1. 不可抗力因素，如灾害，特别是自然灾害，对房地产的破坏是致命的，这是投资房地产的最大风险之一。世界上绝大多数的保险公司，都不承保因地震或战争所引发的损害对象，所以即使买了房地产保险也无法得到赔偿。对于房地产保险，人们有许多误解，事实上，它只是一种作为贷款抵押的人寿险，或者只是关于房屋基本装修的火险。许多人都把这些保险当作房地产本身的保险了。

2. 有些投资者看到房地产价格节节攀升，便会超负荷地贷款购买房地产，而由于原先计算好的租金收入和还贷方案因市场的逆转和自身财力的变化出了问题，还贷便出现了问题。

所以，借贷买房是一把双刃剑，它既可以给投资者以杠杆式的好处，也可以给他以杠杆式的损害。如果投资者能够防止过度贷款，那么纵有损失，也不至于负债累累。如果投资者的还贷额度与未来的还贷能力相符，那么房地产市场价格的下跌，也不至于影响到他的正常生活。更重要的是，如果投资者有能力度过危机，那么就有可能迎来房地产市场的又一春。

3. 其他风险。

（1）房产地基或周遭地质可能出现问题。

（2）火灾多由电力设施或煤气使用等出现问题而引发，也可能因人为因素引起火灾。轻的火灾不会破坏整个建筑物，严重的火灾则会破坏性地烧毁建筑物。

（3）建筑材料老化和其他建筑材料问题，如漏水、水泥板块剥离脱落等。

三、投资房地产的建议

1. 对房地产的趋势要认真评估。如果房地产市场价格已经回落并沉寂多年，那么，此时房地产的风险已大大释放。如果投资者预测房地产在未来极可能升值，那么，这时购买房地产就很可能是最合适的时候；相反，如果房地产价格在短期内已有巨大升幅，比如说，在三五年内已上升了三五倍，这时房地产的风险通常比较高，有较大回落的可能性比较大。如果某地的人均收入能够长时期提高，那么，房地产价格的上升总趋势也将保持较长时间。但如果有大量外来资金推动，那么，这一地区的房地产价格就可能会加速上升，并可能较快到顶。

如果当地的人均收入在大幅度上升后，面临较长期的缓慢增长，甚至停滞不前，那么，此时房地产价格多将面临下跌，以矫正原先过度美好预期造成的房地产价格的大幅上升。

如果当地的工商业在迅速发展中，一般地说，房地产市场也会跟着兴旺；如果日益萧条，那么，房地产市场大多也会跟着萧条。

总体而言，房地产价格与一定时期内的社会平均购买力是密切相关的。举个例子，假设现在以七年的总收入作为普通类型房价的计价基础，那么，房价的上涨就与未来一段时间内的社会平均购买力的提高密切相关。现在需花七年的总收入买一套普通类型的房产，但到了第七年，如果工资上升很多，且若以第七年的总收入计算，则可能只需三四年的时间就能买一套之前同样类型的房产。这时的房产价格，如果没有上涨，无疑就十分便宜。

2. 地点是选择房地产的首要考虑因素。好的地点，由于其稀缺性和其他附加值，故具有更稳健的保值、增值功能。另外，还有一类好地点，就是那些潜在的级差地租将会上升的地点，如新的园区规划、新的中心规划、新的现代交通规划等，都将使房地产的价值和价格有潜力上升。

3. 出租性价比好。房地产是否便于出租，租金收入是否较高和稳定，是投资房地产要考虑的重要因素之一。当租金收入良好时，即使房地产总体价格下跌，仍能有良好的投资效益。而当下一轮房地产回暖或上升时，这类房地产就具有较强的上升趋势。举个例子来说，当某人以 100 万元买下一处房地产时，假定这时市场租金是每月 8 000 元，那么，这 100 万元的资金回报率就是每年 9.6%。这样的租金水平应当说是良好的，在投资市场中能有这样的资金回报率是不错的。假定银行存款的年利率是3%，那么，此房地产的资金回报率就是银行存款利率的 3 倍多。而如果该房地产的价格下跌了 30%，但该房地产仍能维持同样的租金水平，则该房地产的资金回报率若以下跌后的价格计算，其资金回报率上升至约 13.71%。这是相当好的回报。此时的房地产价位应当具有很强的市场支撑力。而当房地产市场稳定、回暖及开始上升时，市场上就会有许多人投资这类租金较好的房地产，这将带动这类房地产价格的上扬；反之，当一个房地产没有出租市场，或者其租金收入的资金回报率仅为2%或以下，且房地产市场下滑时，其支撑力就会相对较弱，下跌空间就相对较大。

在投资房地产中，或者是在投资与房地产相关的产品如房地产的基金、信托等中，投资者必须了解社会发展的状况、经济发展的趋势等，要做到知己知彼。须知在房地产投资的博弈中，战略眼光是非常重要的。

第3节　存款——理财的"蓄水池"

存款是人们最普遍、最主要的理财方式之一，大多数人认为这样的财富方式是最可靠的，存款的变现也是最方便的。那么，存款会有哪些利与弊呢？

一、存款的投资理财价值

一般人并不把存款看成是投资。但从广义的投资理财的角度来看，存款是投资理财的一个种类，也是一种投资工具，它有如下功能和价值。

1. 作为资金库。人们通常会把赚到的钱或收入先存入银行，不管是用什么方式。而当人们需要花费、投资或支出时，就从银行取出。这样，银行的资金就可以统一看成是一个资金库，即人们资金调入调出所必需的资金库。这个资金库的资金越多，调用资金越方便，生活就越有保障，个人财务上也相对安全、自由。

在现实生活中，人们总是不断有收入和支出，所以，有一定量的银行资金（包括存款）作为资金库是必需的。

2. 提供紧急用款。投资于房地产的资金，一般较难套现用于应对紧急状态。即使投资于流动性良好的股票，若是处于被套牢的状态，硬要用来套现应急，就会造成不小的损失。所以，将银行存款作为应急生活所需，有其特殊的价值所在。

二、存款的风险

1. 通货膨胀的风险。世界上许多国家在多数时期都存在通货膨胀的情况。通货膨胀是经济体在经济运行中最基本的一个特征。一般而言，银行的利息率都会低于通货膨胀率，因而人们的存款实际上是处于负利率的状态。

2. 相对难积累。除非特别喜爱储蓄并且很有定力，否则一般人很难有较多的积累。很多人把钱存在银行，一方面觉得方便，另一方面又比较难以做到自律和不随便取用。通常人们会一边积累一边花钱，结果，许多年过去了，所积累的资金量并不是很多。尤其加上通货膨胀所造成的物价上涨，更可能觉得手头积累的钱不够多。再者，银行的利息回报率通常也是较低的。

3. 银行也会倒闭。在中国，几乎没有人会怀疑银行也会倒闭。确实，银行比其他一般企业或公司较少出现问题，且通常由于银行关系到国家的经济和民生，因此，国家也会对重要的银行给予某种程度的支持。不过这并不是说，所有的银行都不会出问题和倒闭。尤其在国际化、市场化的银行业竞争中，银行经营有风险，存款也会有风险，优胜劣汰是正常的。在国外，有较多存款的人都非常重视和关注银行的财力和管理水平，以及一系列评估形成的银行等级信誉。

三、关于存款理财的几点建议

1. 注意存款利息率的最佳滚动组合。由于银行利息率是随经济形势而随时调整和变化的，且各类定期存款利息率又有所差别，所以，在预测利息率升降方向的基础上，尽力组合好各类存款，以期实现最佳的利息率回报。这对于主要以存款作为投资理财的人来说，就显得十分重要且具有实际的意义。如果能够合理组合利息率，使得存款理财能实现相对最大化的利息率回报，则长此以往，就会有不小的收获。假设目前一年期存款利息率是3%，二年期存款利息率是3.5%，五年期存款利息率是5%。再假设存款人预测国家两年内将调高存款利息率，而三年后又要调低存款利息率。而实际情况是，两年后的存款利息率：一年期3.5%，二年期4.1%，五年期5.8%。那么，在存款利息率提高时能够适时地加以调整，将资金转到有更高利息率的存款类别上，就可以达到提高存款资金回报的目的。有人会问：这样的预测和安排可行吗？当然，这不是一件简单的事，但也不是无法作为的事。利率的调整与经济形势密切相关，其调整的规律也不是完全没有根据的。

2. 发挥资金库的调节和应急作用。如果能善于多渠道投资理财，那么，存款作为资金库的调节和应急作用就不容忽视。资金库的资金量的规模最好要适度，多了浪费资金资源，少了则不利于投资理财的调节和生活应急。具体多大资金规模为适度，要依自身的实际财务状况及对生活风险的判断与应急准备程度，尽量做到合理和安全，以保持良好的投资流动性与灵活性。

3. 注意通货膨胀。对于只认为存款才是资金的最好理财安排的投资者，应当注意通货膨胀对你辛辛苦苦累积起来的财富的侵蚀。从大多数的历史情形来看，存款利息率一般都赶不上通货膨胀率，尤其是当一个国家处在某一个迅速变化和发展的历史时期时，更是明显。不少人在青壮年时期累积了在那个时期看来相当多的财富，并且认为足以供未来生活之需，但由于忽视了通货膨胀的影响，到老年时才发现其原有存款的实际购买力大大降低了，存款大幅缩水，养老保障堪虞。

第 4 节　债券——稳健投资的首选

债券通常是国家、金融机构或企业向社会筹集资金的一种债务债权的金融契约。它既是一种融资方式，又是有息借款的凭证。债券所筹集的资金通常用于投资，且主要用于实业投资。由于债券是直接向社会融资而不是向银行融资的，所以，通常在同一时间，债券的回报率一般会略高于银行的存款利息率。这是因为筹集方（也包括银行本身发行债券）若向银行融资，必须以贷款利率的水平取得，而贷款利率一定是高于存款利率的，即存在一定的存贷利差。有些时候，一些公司却未必能够在银行取得贷款。而更重要的是，一些公司通常更愿意将自身的利益和风险，与债权人共享和共承担。所以，除了国家债券的安全性优良外，企业债券还是具有一定的风险的。下面，我们来看看债券的投资价值和风险所在。

一、债券作为投资的价值

1. 优质的债券通常风险较小、回报适中。美国前财长格林斯潘几乎将其投资全部集中于国债（包括国库券），这是很耐人寻味的。除了美国法律禁止他投资股票的因素外，且不论他对股票的投资抱着怎样的看法，他采取集中投资于美国国债，显示是他对债券投资有独特的见解。首先，国债是所有债券中信誉最高的，几乎毫无风险。其次，投资国债是较简单和省时的一种理财方式。再次，国债的回报率通常是适中的。在稳定的社会环境和较稳定的低通胀下，国债的回报率大多会略高于通货膨胀率，且也具有较强的抵御通胀的功能。但一些国家在迅速发展时期，债券通常不具有抵御通胀的能力，往往也呈现贬值的倾向。在格林斯潘看来，国债才是真正的金融投资工具。而这恐怕既与他独特的金融思维、与美国的经济发展趋势和金融政策不无关系。应当看到，对于企业债券，其安全性的评估会相对困难些，但其回报率在一般情况下也会相对高些。这是高风险高回报的投资理财法则的体现。

2. 投资债券，大多数人都能比较容易参与并获利。由于债券在大多数情况下有风险较小、安全性较高的特点，因此，这使得大多数人都可以参与投资并获得适中的投资回报；也因为这一投资标的能使投资者与筹资者双赢，因而是广大民众投资理财的较好选择之一。

二、投资债券的风险与不足

1. 债券质量风险。除了国债几乎是零风险外（在特别的历史时期也有特别的风险），企业债券从总体上来说还是有风险的，尤其是对于一般的或较差的企业，更需要有对其债券的防范意识。如果企业破产、倒闭或财务出了严重问题，则其债券就会面临折价清算或不能结算的局面，投资债券亏损严重就难以避免。所以，若投资垃圾债券，风险是相当大的。也正因为如此，许多金融公司在投资某一企业的债券前，都会进行严格的审查和评估。在这一方面，多数大众并不容易做好。不过，由于通常都有相关权威的评估机构给出许多公司的债券评估等级，因此可作为投资者的参考，但是也不能盲目偏信。大家一定要清楚，发债公司发生重大财务问题是投资企业债券的最大风险，所以必须记住，所谓投资债券风险相对较小，是从总体上说的，而对于具体的公司债券，还是要做具体分析为好。

2. 债券兑现风险。如果是凭证式债券，若未到兑现期就兑现，将可能兑现不便，甚至折价兑现，因而造成损失。如果是记账式债券，要是投资时间较短，那么，将会面临因市场波动而存在的有限的风险。如果是投资债券基金，倘若不是中长期的投资，则会承受基金买卖差价以及兑现时由市场波动所产生的轻微风险。所以，在通常情况下，短时期的投资债券基金收益不会理想，甚至还可能要承受债券基金买卖的差价风险。

3. 债券基金的管理风险。一般地讲，投资经严格评估的优质债券，风险相对来说比较低。而且，债券基金所购买的债券，原则上说都是经过基金经理专业筛选的，所以，投资债券基金回报较好、风险很低。不过，并不是任何基金公司的债券基金管理都必然优质，也不是任何一家管理好的基金公司在任何时候投资都必然成功。当债券基金管理不善时，也会造成损失或收益不理想的状况。这里有两种情况：一种是基金经理选择企业债券失当，甚至是严重失当；另一种是债券基金管理人或管理团队出现管理问题，甚至是诚信和道德出现问题，或涉及违法问题。所以，投资债券基金仍然需要警惕风险，尽管这种风险性产生的概率比较小。

虽说投资债券相对比较简单，但并不意味着投资债券就是一个简单的工作。事实上，评估和选择债券是一项极其重要的投资工作，也是一项专业性工作。

三、投资债券的几点建议

1. 优先考虑购买国债（或国库券），并注意资金兑现的时间。凭证式国债收益稳定；记账式国债具有市场波动方面的风险，但兑现相对比较方便、容易。

2. 购买企业债券一定要注意企业财务的安全性和债券投资回报的可靠性，不可一味地贪图债券回报高而把企业可能产生的财务问题与财务危机撇在一边。一定要购买信誉度高、安全性极好的企业债券（或公司债券），并形成一个良好的组合。如果想使债券的收益更高一些，而宁愿承担一定的企业经营风险，那就最好采取更为严格和认真的债券筛选策略，并采取较好的组合，以达到理想的投资目标。

3. 如果能够做长期的债券投资，比如说超过 5 年或 10 年以上，那么，选择购买著名且管理优秀的债券基金，也是一个省时省力而又安全可靠的办法。在投资期足够长时，债券基金的兑现也是比较方便的。著名而又管理优秀的债券基金，除了其公司管理规范、管理水平高超、基金经理素质优良以外，通常在市场上会广泛寻找经严格专业评估的具良好收益的债券种类并进行组合，这样既可分散风险，又弥补了普通大众投资企业债券的能力的不足，使之能获取相对安全且又较高的债券回报。

虽然相对于其他较复杂的投资领域，债券投资显得相对简单和容易，但一样有安全性方面的问题。所以，投资债券也同样考验投资者的投资博弈水平。而若是想把投资债券与其他更广阔的投资领域做更佳的组合，那无疑更需要发挥投资者的投资博弈才智。

第 5 节　基金——专业性投资管理

基金通常是由许多投资者汇集起来的较大的投资资金，并且，这些资金通常由基金所隶属的公司挑选专业投资管理者（有时是带领一组管理人员）进行投资管理。在大多数情况下，有关基金公司会给基金管理者或者基金经理提供投资考核和业绩评估的指南。由于市场上可投资的领域、类别和组合相当多，所以就有各种类型的基金，并且各类型的基金所投资的类别、范围、盈利潜能和风险大小都有所不同。

一、投资基金的价值

1. 专业性管理。基金管理公司所委任的基金经理，通常都是在投资领域尤其是在某一类型基金的相关领域具有专业知识的人才。他们在公司的指导方针下运作投资管理并受到公司管理业绩的考核。所以，基金经理在投资知识、运作程序、信息采集和分析、投资的策略和操作技术上都具有相对优势，相比于欠缺这些知识的大众而言，投资成功率相对较高，对于降低投资风险很有帮助。所以，基金在投资的安全性和可靠性方面相对较好。

2. 全天候管理。基金经理及其管理小组的日常工作是，对投资对象进行信息收集、资料分析、市场跟踪、策略研究和投资组合更新等，这相比于有自身工作而不能全天候进行投资管理的大众来说，相对具有优势。

3. 分散投资，风险相对较低。基金的资金一般较个人的资金庞大，更易于实现一般人难以做到的相对广泛的分散投资。合理性的分散投资是降低投资风险的重要方法。

4. 能更有效地运用科学的投资方法。在投资领域，究竟有没有科学的投资方法，似乎颇具争议。但是只要我们同意世界的事物是可认识的，那么，在投资领域有科学的方法应当是成立的。尽管有说"法无定法，无法法也"，但由于投资是可分析的，所以投资仍然是有规律可循的，仍然有投资的法则。虽然人们完全按规律去做并不容易，但这并不能完全否定人们能够认识投资的规律。当然，对于一般的大众，通常在"法无定法"中难以贯彻科学的投资方法。

5. 能较有效地避免人性的弱点。在投资领域中，不乏许多有头脑、有智慧、有见地、有眼光的投资者，但他们也会在投资中失利。投资不仅仅具备理性就可以了，通常还涉及投资者的心智和心性。由于思维理性与情感心性的互动关系，在很多情形下，由于人性的弱点使然，就可能造成投资失控和失利。

由于基金经理的投资行为一般都会受到基金公司的管理约束，是在公司的指导方针下进行的，也由于投资的成败对其本人的刺激一般相对弱化，因而使基金经理投资的理性战胜人性弱点的可能性大大增加。

6. 节省时间。大众即使自己花大量时间去研究投资，也未必就比基金经理做得更好，因此倒不如把这项工作委托给基金经理去做，这样就可以节省花在这方面的时间和精力，从而把时间和精力放在自己更擅长的领域。

二、投资基金的风险和不足

1. 短期投资通常效果不佳。若不是上市基金，则该基金通常有买卖差价及管理费。除了股票型基金可能某一时间段内有巨大的升幅外，大多是波动平缓。所以，想在短期内在扣除相关费用后再赚取基金差价是相当不易的，甚至可能招致亏损。也因此在没有巨大升跌幅波动的基金里，经常买卖以图提高收益和规避风险是不明智的，尤其对于债券类基金更是如此。若是上市基金，则基金会随市波动，但波幅大多相对较缓，经常短期买卖，交易费用也会大大侵蚀利润甚至本金。所以，投资基金应立足于中长期，尽量避免短期的频繁买卖。而当基金有巨大升幅以及可能面临市场重大转折时，投资者可以考虑是否需要买卖。

2. 存在基金管理不善的风险。虽说多数基金经理投资工作做得好，但这并不等于说基金经理都是理所应当的投资赢家。因此，选择信誉较高、管理稳健的基金公司和基金经理，是投资基金最为关键的因素。

如果没有选择好基金管理公司或基金经理，就可能陷入俗语所说的"男儿入错行，女儿嫁错郎"的投资窘境。所以，充分评估基金管理公司及其基金经理，是投资基金时必须做的功课。如果投资者确实难以进行评估，也可以请教有关的投资专业人士，根据他们的推荐，审慎权衡后再进行选择。

3. 股票型基金的长期表现，在很大程度上取决于社会经济发展的趋势。由于各种原因，大多数股票型基金的庞大资金都会投资在所谓的大型蓝筹股上，因此，这一类基金的表现就与蓝筹股板块的发展命运息息相关。若社会经济发展或某一个发展领域，在经过一段时期的辉煌后走向停滞或衰落，那么，该基金的表现很可能就会长时期都无起色，甚至会低迷很长时间。所以，股票型基金所投资的社会领域究竟处于何种发展阶段，对大多数相关基金的表现会产生决定性的影响。当然，如果一个社会处于长期稳定的发展阶段，那么投资股票型基金的风险就相对小得多，有较好回报的可能性也会大大提高。由此也可以推出，投资股票型基金还是要把握好时机，尤其是社会发展的大时机，这样，投资的成功率会更高一些。

三、投资基金的几点建议

1. 要分清基金的类别。不同的基金类别可以投资于不同的领域，比如，股票型基金投资于股票领域，债券型基金投资于债券领域，货币型基金投资于货币领域，等等。还有各种不同投资区域的基金，如全球性的、亚洲的、欧美的、本国的投资基金等。还有各个产业领域的基金，如高科技领域的、矿藏资源领域的、生物领域的等。不同的投资领域又可以进行组合。所以，基金的不同种类和组合都会对所投资基金的回报的特性、功能和效果产生不同的影响。因而投资者有必要认识清楚有关基金的投资领域及其回报的特性和效果，从而选择适合自己的基金。

基金主要有以下几种类型。

（1）股票型基金。人们通常会以美国作为例子来说明投资股票的长期高回报。如果世界各地的经济发展和股票市场的表现都如美国的经济进程和股票市场一样，那么投资股票确实是一个长期高回报的领域，也因此能够吸引更多的人乐此不疲地投资股票。如果股票市场能够呈现长期的上升模式，那么大多数的股票型基金取得高回报的可能性就比较大。不过，各个国家和地区的经济发展进程都有相对的特殊性，因此各自的股票市场表现也不一样。总体来说，大多数股票市场的表现还是受到人们推崇的，并且它也是世界上最重要的金融投资市场之一。不过，需要注意的是，虽说管理良好的股票型基金大多回报比较好，然而，在高峰时期买入泡沫化严重的某国家或地区的某一领域的股票以及相关的基金，则有可能面临长期套牢或严重亏损的风险。

（2）债券型基金。债券型基金是比较稳定的投资品种。发行债券的国家发生不能兑现的情形几乎很难找到，发行债券的企业发生不能兑现的情况也比较少。投资优质债券的基金，其安全性和可靠性比较高，这种类型的基金是绝大多数投资者较好的投资选择。但需要注意的是，虽然这类投资品种的平均投资回报率基本都在适中的水平上，其投资策略通常也属于保守型的，但投资垃圾债券和垃圾债券基金的风险还是存在的。如果有的投资者有承受风险的能力去买垃圾债券或者垃圾债券基金，以寻求稍高一些的回报，一般来说，还不如去投资股票型基金或者是股票与债券相组合的基金。

（3）股票与债券组合型基金。这一类基金如果管理得好，既可增加投资的安全性，又可增加良好回报的可靠性。因为优秀的基金经理一旦发现股票市场不好，就会将更多的资金转移到债券上进行投资；而当发现股票市场的行情转好时，又会将更多的资金转移到股票市场进行投资。这一类基金对于那些既注意投资的安全性，又希望获得稳健良好的适度投资回报的投资者来说，应是一个不错的选择。但也要注意因其含有股票成分，所以也有一定幅度的波动。

（4）货币型基金。若是投资于本国货币的货币型基金，一般回报率不甚理想，有可能还不如定期存款利率。当然，它的安全性较高，除非本国货币不稳定。有时，一些特别的货币型基金，由于其特别的资金地位，有可能获得制度安排中的额外好处，从而有较高的利率回报。若是投资于国外的货币型基金，由于这方面的选择余地大些，回报率一般会稍好一些，但也不会有较高的长期回报，因为汇率的变化除偶尔剧变外（在某一时间段内，一些货币也可能有较大的升跌幅，还有极个别国家的货币有可能产生相对巨幅的升值或贬值），大都是长时期渐变的，换算成年回报率，理想的情况不是太多。并且，一般地说，投资于国外的货币型基金，较之投资于本国的货币型基金，相应的风险也稍高些。

（5）对冲型基金。这类基金大多与投资期货有关，而投资期货的主要特点是杠杆比巨大。所以，只有世界一流的期货投资基金管理公司有可能取得惊人的利润。对冲基金风险巨大，造成的损失也将是巨大的，且其亏损的机会也远远高于获利的机会。虽然这类基金也可采取双向期货对冲投资的形式，以此来减少一些风险，增加获利的可能性，但在大多数情况下，仍然风险很大、收益有限。这类投资品种一般不是大众所能适宜投资的，建议不参与为好。

2. 认真选择优秀的基金管理公司和基金经理。众所周知，一只基金既由基金经理进行管理投资，也由基金管理公司进行控制和管理。一个基金经理的投资管理水平会直接影响该基金的回报率水平，但基金管理公司更重要，因为基金经理受基金管理公司的管理。优秀的基金管理公司能在市场上寻找到更杰出的基金经理，且公司管理规范化、科学化，有指导方针和考核机制等。好的基金管理公司，即使在好的基金经理离职后，仍能找到优秀的基金经理来替代并保证该公司的基金管理水平不会有太大的变化。不过，长期跟踪基金经理进行投资还是一件比较困难的事情。投资基金一般都必须立足于长期，所以，基金管理公司的好坏一般比基金经理的水平高低更为重要。

3. 注意把握投资时机。除了如债券类等大多波动不大的基金外，对于波动性大的、增长潜能显著的基金，投资者仍然需要注意投资时机的把握。把握时机是一个极为重要的投资行为，它是投资的重要组成部分。对于股票型基金，把握投资时机对盈利的影响是显著的，但对于债券型基金，投资时机的特征性就没有那么明显，通常越早投资收益越高。而对于大多数没有投资专业知识的大众来说，对股票型基金采取每个月定期定量的投资办法（也就是成本平均投资法），是一个不错的投资策略和投资方法。

第 6 节　信托——委托融资投资管理

　　信托，就是把资产或资金通过合同方式委托给信托公司进行投资理财的一种方式。这种投资理财的方式主要是通过信托公司寻找和参与有关的投融资项目。作为委托投资理财的一种方式，委托方主要是参与信托公司开展的相关业务，而信托公司则将受托的资产或资金通过集合后策划投融资项目，或者参与已开展的项目。信托公司经营的受托资产，与经营自身的资产是相分离的。如果信托公司因经营不善导致公司资产的清偿，并不会影响受托的资产。但是，如果信托公司因经营受托的资产（或资金）而出现问题，那就要由委托方来承担风险。所以，要特别注意，信托投资理财也是有风险的，即使财务实力强大的信托公司，也不能免除信托投资的风险。

　　信托投资理财的一个非常显著的特点是，可以保全受托的资产，以使受托的资产免受信托公司的经营清偿。

　　信托投资理财有许多项目，投资者要清楚这些项目的安全性和投资收益的可靠性。其中非常重要的一点是，要知道这些项目的投融资是否有财产抵押并有足够的安全保障。

　　信托投资理财的回报率大多略高于银行贷款利率的中等水平。如果投资回报率明显偏高，则要警惕投资的安全性问题。

一、信托投资理财的价值

1. 信托投资理财为投资者提供了一个中等收益水平与风险相对较低的稳健投资渠道，这是一个除银行贷款外的资金补充平台。

2. 在确保信托公司投融资项目安全的前提下，投资者投资理财相对简单和容易一些。

3. 信托公司对受托的资产，大多安排专业人士管理、操作、评估，所以使投资项目取得中等回报通常是较可靠的。

二、信托投资理财的风险和不足

1. 在我国，信托投资理财目前还不够发达，信托公司所拥有的人才的实力水平大多还不够强，这使得信托公司的投融资项目的安全性和回报率的可靠性有可能不尽如人意。

2. 信托公司及其工作人员有可能为了自身的利益，对投融资项目的安全问题有所放松而导致冒险，进而可能使投资者遭受不应有的更大风险。另外，由于信息不对称，资产的委托方可能因信息掌握不全而使利益受到损失。所以，在融资企业、信托公司、业务人员和投资者之间，有产生利益冲突的可能性。

3. 如果信托公司对受托的资产经营不善或者失败，则可能带来不小的投资风险。

三、对信托投资理财的建议

1. 由于通常参与信托投资理财的资产不少，所以委托方要严格核查信托公司的投融资理财水平，全力确保受托资产不会出现安全性问题。

2. 各信托公司的投资理财产品一般相差不会很大，所以要把信托公司投融资项目的安全性和可靠性放在第一位，尽量避免为了略高一点的回报率而降低受托资产的安全性和投资回报的可靠性。

信托投资理财是市场经济社会中的一个金融分支，为有资产实力的投资者提供了又一个投资理财的相对稳健的渠道。至于信托公司能否有效地取得更好的投资回报，关键在于委托方所选择的信托公司是否有杰出的投资理财团队，以及这个投资理财团队是否具有很强的敬业精神，还有信托公司是否执行了严格的科学管理程序。这些都是做信托理财必须认真评估的。

第7节　股票——万众着迷的股权投资

股票投资是当今最热门的投资品种之一，这是由于股票具有较大的波动性、回报的不确定性、交易的便捷性，以及它符合投资者的冒险心理、征服心理、贪婪欲望和偏好等。还有股票投资博弈需要的智慧和知识等，也使不少人对股票投资情有独钟。那么，投资股票到底能不能有很好的回报呢？大凡股票投资者都曾有过轻易获取巨额利润的体验，也曾有过输得惨痛的经历。自有股市以来，据相关统计调查表明，在股票投资者中，大约只有10%的人能挣钱。然而，投资机构却不断宣称，投资股票有极高的年平均回报率，它是最好的投资领域之一。巴菲特的股票投资奇迹似乎更有力地证明了这一点，激励着自认为有投资才能的人前赴后继，冲向如战场般的股票市场，没有人有理由阻挡。股票市场的壮烈景象也只有当事者心里明了。不要说股市有10%的人可以获得回报，即使只有1%的人可以获得回报，也同样会召唤着勇敢的投资者投入这一狂流。因为他们都知道，任何投资领域的获利都是不容易的，其他领域的获利概率可能还远低于1%。这或许就是所有勇敢拼杀于股票市场的人们奋不顾身的充分理由。只是最终事实严酷地证明：绝大多数人枉费心力和时间，赢取不了市场，结果不但获不了利，甚至有可能损失惨重折戟沉沙。有意思的是，即使如此，无数人还是偏爱股市而无法自拔。

不过，要是从科学的投资理财角度来说，如果一个投资品种会使绝大多数投资者亏损，则应当不是一个好的投资品种。一些经济学家称股市为赌博市，恐怕并非虚言。但投资股市还是被社会的主流力量和社会上大多数的人看作是投资行为。由此可见，股市真的是一个复杂的投资领域，许多股市投资理论由此诞生。下面，我们来看看投资股票的价值与风险所在。

一、投资股票的价值

投资股票的价值会因时、因地、因人而异。钟情于股票投资的人，自然也可以罗列出一大堆股票投资的价值所在。那么，千变万化的股市，其根本的价值究竟在哪里呢？

1. 资本在股市竞争中高速运行，而资本竞争的总趋势又是强胜弱败，因此，股市之所以被许多国家引入并成为重要的经济、金融领域，其根本原因就在于，通过资本的高速运行并在资本的强胜弱败中，使代表时代经济且能真实创造高价值的股份公司迅速成长，并为市场和股民创造利益，使得资本有一个利益共享平台，从而带来比较好的投资机会，使资本能更有效的、更有价值的运行，同时也使国家的经济在总体上走向强大，促进经济的发展和新经济的诞生。这是股市具有强大生命力的内在本质所在。这也许可以从一个方面解释为什么股市使那么多投资者遭受亏损，却仍然受到国家和大众的支持的原因。

2. 现实中，并不是每个人都能搞实业投资，且在许多实业投资领域，很多是小投资者难以介入的，比如说国家控制较严的金融领域、军事工业领域等。而且小投资者一般也难以实现多领域的实业投资，但通过股市，各类投资者都能广泛参与投资。另外，从投资拥有股份的角度来说，只要投资者持有股份，他便是股东，即某种意义上的老板。这或许正是股市能吸引众多投资者参与的原因之一。

3. 国家对股市的管理和调控，能够使股市为国家经济的发展提供支撑，能够促进国家经济的发展和国家财富的增长，否则股市便失去了存在的意义。同时，投资股市也能够使大众投资者更主动、更紧密地参与国家经济的发展并分享经济发展带来的财富。

二、投资股市的风险和不足

许多报纸、杂志、书籍都会提示"股市有风险，投资须谨慎"，但风险究竟在哪里、如何谨慎，却并没有给予很好的说明。下面我们来谈谈哪些因素会导致股市投资的风险。

1. 上市公司出了问题。这里所说的上市公司出了问题：一是指投资者所投资的上市公司在认为应处于正常的发展阶段时，却出乎意料地出现了重大的经营管理问题，这时，该上市公司的股价往往会巨幅下跌；二是指投资者所投资的上市公司在某个时间段内发生了或有某些征兆表明发生了重大的财务问题，尤其是致命的重大财务问题，这样就会给上市公司的生存和发展带来了严重的威胁，该公司的股价会随之暴跌，并有可能导致暂停交易的情况，直至公司停盘或退市；三是指个别的上市公司，由于市场的复杂原因，或由于管理层的管理严重失控，或由于管理层的个别人犯罪，甚至是结伙犯罪，从而导致危机的发生。这些是投资股市的风险。不过，按照危机管理的思路，这时或许可能是投资的最佳时机。但投资者要明白的是，这种情况必须是在公司问题暴露后，经仔细分析和研究，确定客观上是上市公司遭遇了非致命性的打击，才能得出"危险就是机会"的投资结论。

至于有人喜欢投资垃圾股，一方面可能是以反向思维的智慧进行投资，另一方面可能是有人看到了制度的缺陷因而冒险。

2. 上市公司走向衰败。除了一些公司可能会突然爆发问题而遭致风险外，也有一些公司则是逐步走向衰败的。并不是所有的上市公司都必定会在曲折和大浪淘沙后发展而成长的，有些公司会在市场竞争中失败并走向衰败。如果投资者投资了这么一只股票，那么，其价格的总趋势将在波动中不断向下，直至该上市公司衰败甚至退市。而在这个过程中，许多投资者总是期望超跌反弹，结果却大失所望。由于这类上市公司并不是极个别的现象，并且它影响的也并非是极少数人的投资结果，因此，投资者一定要擦亮眼睛，绝不可以随便投资，必须要有眼光和智慧，认真地做好基本面的分析。

3. 新股包装上市。投资者一定要记住，并非所有上市公司的报告都是完整、准确、真实、可靠的，包括财务会计报告。在复杂的市场活动中，那些赚了公司钱的律师、会计师、审计师们，总会运用自己的知识和经验，将要上市的公司在财务报表和公司陈述上，做到尽可能地符合当时的法律、政策和市场要求，以使将要 IPO 的公司成功上市。

这类包装上市的新股，在上市后会逐渐暴露出其庐山真面目，逐渐褪尽其原来的光环，在高位出手后，接手的股民便沉到股海里去了。

4. 股民贪心和投资失控导致投资效益差甚至亏损。贪心和恐惧是投资者进入股市最常有的心态。贪心可以表现为总想买到最低、卖得最高，结果总不能如愿，反而无所适从，倒成了股市情绪的牺牲品。恐惧则表现为股价在高处时怕下跌，而在低处时怕还有更低，或者怕自己所看中的股票在上升时跑掉而没有买到，时常表现为股票越涨越不敢买、越跌越害怕。结果，在复杂的股市波动中，有些人看到股市波动巨大，似乎机会多得很，在尝到几次甜头后，便确信自己有投资才能，从而疯狂举债入市、不断厮杀，结果几年打滚下来却血本无归，甚至负债累累。

股市似乎提供了这么一种可能性：只要投资者有足够的智慧，那就只需看看股票的价格行情，敲几下键盘，就会有巨额的回报。或许这点正是吸引许多人奋不顾身投身股市的重要原因之一。

股市还提供了一个让人们实践"永不服输"的心理表现的场所，从而股市也如一个令人着迷的斗智斗勇的场所，直至投资者财力不能承受投资之重或者最终绝望，方才离场。

股市真是复杂，甚至能使人性都有更复杂的表现。即使投资者在股市中并不想贪心，自觉赚一点钱就好，却仍可以解读为一种为尽力保护资本和收益的另类的贪心表现。即使是这样一种不想贪心的心理，最终也可能演绎成在股市中曾赚过小钱却亏了大钱的局面。

5. 国家的政治、经济发展状况和政策与股市发展密切相关。虽然这一相关性未必都表现为直接的线性关系，但国家的政治、经济发展状况和政策变化总是在不同的深度和广度上影响着股市，导致股市或大涨或大跌，或反转上升或逆转向下，或长期向好或长期走熊。股市中的资本逐利性非常强，所以，股市对国家政治、经济的发展状况和政策变化的反应极其敏感，对此，人们也称股市为提前反应，或称股市为"先知"，正如"春江水暖鸭先知"一样。

需要提醒投资者注意的是，不管长期和短期，顺应大势和股市涨跌操作已非易事，但如果错误地反向操作，一定会形成风险。

6. 股市泡沫风险。股市也是社会形态和经济形态的一种存在方式，与社会中的人和人性是密切相关的。人性支配下的活动并不完全是理性的。股市中人们疯狂的表现就是人性疯狂、非理性一面的反映。所谓股市的严重泡沫，就是人性疯狂、非理性的一面使得股价疯狂上升到与股票应有价值严重背离的高价位状态。虽然个别情况是一些股票因被疯狂操纵而导致股价疯狂上涨或下跌，但许多人似乎并不认为这是非理性和疯狂的，甚至似乎达到了"存在即合理"的理性哲学境界。这或许是股市迷人的地方之一，但也是股市的重大风险之一。

反之，当股市疯狂下跌时，可能（也仅仅是可能）造就了良好的投资机会。只是在这个时候，许多人已经被狂跌吓住了，在剧烈的波动中失去了投资判断力。而等到缓过神来时，他们仍对暴跌心有余悸，于是便失去了这样一次极难得的投资机会。

7. 投资策略不当的风险。这主要源于投资者采用错误的投资策略，或者有正确的投资策略，但却执行不当。既然市场如战场，股市中的多空变化自然是智力较量的结果。没有正确的和好的投资策略，投资者是很难在变化难测的股市里获取投资成功的；或者投资者即使已经制定了正确的和好的投资策略，如果不能严格地遵循和执行，那么，在面对股市变化的"法无定法"中一样无法取胜。这是大多数人之所以在股市里投资亏多赚少的极其重要的原因之一。

三、投资股市的几点建议

虽说在股市里投资只要能够做到低吸高抛即可盈利，但在股市中有投资经验的人都知道，股票投资并不那么简单。

1. 对要投资的股票，投资者一定要掌握该股票的可靠财务数据，同时把有关财务数据置于是否可投资的有关评价参考数据之下进行审查对比，经过认真评估后，再做出是否可投资的选择。如果说长期投资股票仍会失利的话，那么其原因一定是这方面的工作没有真正做好。

2. 进行股票技术分析。在大多数情况下，投资者做好股票技术分析是非常重要的。尽管股票技术指标有许多，也千变万化，且见仁见智，但如果投资者能够熟练地掌握股票分析技术，则对股票投资是会有不同程度的帮助的。

3. 投资股票最大的忌讳是借钱投资。借钱投资会极大地破坏投资者的投资心态，并很可能会使投资者处于极其被动的财务状态。

第8节　创业——最广阔的实业"钱"途

把创业作为理财来讲，似乎显得不当。但事实上，创业是个人和社会创造财富、积累财富、增加财富的最根本的路径，也是人们从小资本发展到大资本的"最实在"的途径。为此，本书在这里就把它列为投资理财的一个重要内容。同时，有关统计数据表明，在全世界最富有的人群当中，大多数都是通过创业致富的。创业致富的胜算远高于其他间接的投资领域。比尔·盖茨和沃尔玛家族等世界巨富，都是创业致富的佐证。但是，这并不意味着创业致富的道路就是所有人最实际、最可行、最容易的坦途。事实上，除了极少数的幸运者外，绝大多数创业者都历经了千辛万苦、付出了巨大的代价才获得了成功。

下面，我们来分析一下创业的价值和风险。

一、创业的价值

创业最有可能真正使创业者的事业顺应时代的潮流，敏锐地发现社会的需要，有效地把握真正的市场趋势和市场需求。若果真如此的话，创业者获得巨额回报就是顺理成章的事。与此同时，在客观上也为社会经济发展起到了推动作用。

创业可分为以下三种形态：

1. 创造性劳动的创业形态。它是指劳动过程所形成的产品或劳动成果是前所未有的，具有发明和创造性质。这是社会各类劳动中最重要的一种，是最能推动社会发展的核心力量。

2. 创值性劳动的创业形态。它是指劳动过程中所形成的产品或劳动成果提高了原物品的价值或增加了附加值，但一般不具有发明和创造性的性质。这类创业的劳动成果能够较广泛地通过大多数人的努力，极大地增加社会的财富。

3. 创复性劳动的创业形态。它是指劳动过程所形成的产品或劳动成果是市场上已有的，但却是社会和市场所紧缺和供不应求的。这是最广泛、最大众化、最多人可参与的创业劳动。由于其具有广泛性、大众性的特征，且数量巨大，因而这类创业劳动成果所显示出来的力量也是巨大的。

创业的价值体现为：

1. 能更有效地满足社会和市场的需求。

2. 能更好地推动社会生产力的发展。

3. 能开辟和创造新的庞大的市场需求，更充分地填补市场空白。

4. 能顺应时代潮流，研发出新的产品、新的服务等。

5. 创业的成功能使创业者在时间价值和劳动价值上获取更大的效益。

6. 创业投资相对于其他投资，在投入同样时间和资本金的情况下，有更大的可能创造出更多的财富，获得更为成功的投资效果。

二、创业的风险和不足

创业的风险和不足，主要有以下几个方面：

1. 创业的劳动成果可能不符合市场的需求。

2. 创业过程可能遭受挫折，如果没有找到扭转局面的方法，在财务上也会遭受致命的打击。

3. 创业者创业初步成功后，可能会心理膨胀，盲目地迅速扩张，从而致使资金链出现断裂的情况；或者由于市场需求产生变化，致使产品或服务严重供过于求而深陷危机。

4. 创业者投入的资金量越是超越创业者的财务能力，越有可能造成严重的财务危机。

5. 创业通常不是简单的劳动。创业者很可能由于能力和心态的因素，导致创业不成功，并由此造成资本金损失和经济压力。

6. 创业者的企业达到一定规模后，通常会牵涉许多方面的人际关系。复杂的人际关系中危机四伏，如若遭遇危机，通常会导致经济损失，甚至是不可挽回的巨大损失。这也是创业发展过程中所必须注意和避免的。

三、对创业的几点建议

1. 从小到大。创业采取从小到大的策略，这既是付出较小代价摸索创业路径的较好方式，也是保证创业者最终取得创业成功的最佳策略。

2. 牢牢抓住市场时机、人际时机、个人状态时机，以及资金、技术、投资环境的时机等。

3. 创业者要尽量避免超越自己的能力和财务能力去创业。超越自身的能力和财务应对能力进行创业，可能会留下致命的财务隐患；忽视客观条件的限制去创业，结果可能会欲速不达进而损兵折将。

创业者创业成功，除了能给自己的财务以极大的自由之外，还直接或间接地给社会带来了巨额的财富，并会推动社会经济的发展。所以，投资者若在理财之初的有限财力下，把这有限的财力分配于创业，再经过运筹帷幄、谨慎推进，很有可能发挥出巨大的财力杠杆作用，并获得巨大的财务效果。这是理财博弈中最为精彩的棋局。

第 9 节　黄金——永恒的信用货币

黄金是国际公认的可进行各类货币结算的硬通货，它是财富的象征之一。摩根有句名言："黄金是钱，而其他皆为信用。"

下面，我们就来审视一下投资黄金的价值与风险。

一、投资黄金的价值

1. 黄金的价格受国际市场供求关系的影响，也受各国央行黄金政策的影响。由于黄金是稀有金属，属不可再生资源，且由于黄金的良好性能，如导电性、延展性和耐腐蚀性等，其在现代工业中和其他方面的用途也越来越广泛，因此，从长远来看，黄金的供求关系的趋势应当是：需求不会耗竭，且极有可能会加大需求，但可开采的黄金数量却日趋萎缩，且每单位黄金的开采冶炼成本会越来越高，这使得黄金的稀缺性将越来越明显，从而使黄金与货币的兑换关系在曲折的升降运行中不断地长期走高。

2. 国际上，黄金的价格与美元挂钩，由于美元的影响力，美元对黄金价格的衡量成为最为权威的市场计价标杆。因此，黄金的价格与美元的走势密切相关。由于绝大多数国家的货币都有其内在的走向贬值的倾向和趋势，所以，黄金的价格从长期来看，逐步走高也将是不可避免的，只是要注意这个"长期性"的含义。

3. 在大多数情况下，物价总体是顺应通货膨胀趋势的，所以，作为贵重金属的黄金，就自然具有规避通胀的功能。至于黄金抵抗通胀的效果，则可能因时而异，不可一言以概之。尤其在不稳定的社会中，如战乱和政府剧烈更迭等，则会有更多的人因更加重视黄金的硬通货和规避通胀的功能而储藏黄金，以备应对急需和时局变化之用。

二、投资黄金的风险和不足

1. 虽然黄金的价格在长期走势上将不断向高（这也可从数百年来的价格统计中看出），但投资者一定要注意，如果你已不年轻，那么，也许在你有生之年黄金价格可能是不断走低的。如果你是在某一价格高位买入黄金的，那么，也许在十年、二十年甚至三十年的时间里，价格并无上涨，甚至还会下跌。这个意思是，若你欲在有生之年兑换黄金，那么，你之前的黄金投资将导致亏损，而且，这还不包括期间的通货膨胀所产生的相对贬值的损失。所以，投资者必须要注意黄金价格变化的长期性，同时还要辩证地看待黄金所具有的抵抗通货膨胀的保值功能。

2. 虽然投资黄金具有不少好处，但根据有关数据测算，长期投资黄金的回报率未必会理想。据统计，在美国，一百多年来，以美元计价的国际金价的上涨不足以抵消通货膨胀，换句话说，金价上涨的回报率实际上还是处于轻微的负利率状态，远低于美国国债的复利回报率。这也说明，在某一特定的社会历史时期，天然的货币黄金与国家发行的纸币之间，在社会发展中存在一种微妙的关系。若以美国社会历史来考察黄金的抗通胀功能，且再将其与其他一些有较好投资回报的投资工具进行比较的话，显然，黄金的投资回报率还不甚理想。但这并不表明，黄金完全不具有抵抗通货膨胀的功能，只不过这显示了投资黄金的不足之处和其存在的相对风险。

三、投资黄金的建议

1. 投资者若预料政局大动荡将在不远的将来发生，那么，黄金在经过长时期的沉寂后，通常会具有较高的保值和增值功能。

2. 黄金在大幅创历史高位后，经过长期的回跌，经确认其已长期回跌至较低价位且有上升趋势，如果在这时进行投资，那么效果可能会更令人满意一些。而从长期来看，黄金价格的变化走向，最为关键的在于标识黄金价格的货币系统的走向。

3. 投资黄金，既可投资实物黄金，也可投资其他的黄金标的产品。实物黄金可以携带、保存，但须保管及进行回购鉴定。大量的黄金实物保管显然还存在安全性问题。其他的黄金标的产品，虽交易方便、无须保管，但价格波动可能动摇投资者长期投资的信心。而如黄金期货之类的黄金投资标的，一般并不适合长期投资，同时也并不适合于广大民众投资。总之，实物黄金的投资和各类黄金标的产品的投资，各有优缺点。

能否在投资黄金的博弈中取得成功，关键在于投资黄金时，要掌握其价格的运行处于什么样的阶段。在这一点上，还需要投资者睿智地进行判断。通常，黄金的涨跌趋势的周期性很长，加上黄金本身并不生息，因此，投资黄金的盈利和保值效果全赖于黄金的价格走向。所以，投资者最好能够对黄金的价格走向作深入的研究，这会极大地有利于投资黄金的博弈成功。

第 10 节　其他

一、外汇——货币的机会

外汇作为理财工具，是货币在国际开放和转换中的结果。随着外汇流动性的逐步增加和外汇转换的便利性，外汇作为理财工具将被越来越多的投资者所关注。投资外汇，主要是要考虑各国货币的相对升贬值的幅度和波动性，以及货币存款利率对资金增值的影响。而各国货币的升贬值与利率高低的变化，既与各国的经济发展状况、经济和金融政策等诸多因素有关，又与各国之间政经状况的相对力量对比有关。所以，要判断某国的货币对本国或他国货币的升贬值趋势，也不是一件简单和容易的事。但是，如果投资者能具有国际的视野和历史的视野，认真分析和研究货币变化的规律，那么，外汇投资也还是有机会的，可以作为投资理财的一个途径。

1. 投资外汇的价值

由于各国货币具有相对较高的可信赖度，而货币之间升贬值的波幅通常又相对较小，也较为稳定，所以，外汇作为投资理财的工具，也颇受投资求稳者的欢迎。如果某国货币对本国或他国货币具有升值趋势或潜能，那么由于市场化的结果，就会造成货币兑换的市场波动，而其波动的幅度，通常相较于存款利率的回报是可观的，这就给外汇投资提供了机会。若某国货币既有升值趋势，又有较高的存款利率，那么这种双重的利益当然更会受到投资者的青睐。这是外汇投资的最佳价值体现。而若某国货币虽有较高的存款利率，但却有贬值倾向，甚至可能有较大幅度的贬值，那么将可能使投资者虽能获得较高利息的收益，但却得不偿失。而若某国货币有升值趋势，但存款利率较低，则其仍然具有投资价值，但投资价值究竟如何，主要取决于其升值的速度与存款利率高低的对比效果。

必须注意的是，在投资者趋之若鹜的外汇投资中，更多的可能是外汇的期货投资。由于这类投资具有高倍的交易杠杆，并以所谓的高回报刺激着投资者，所以吸引了许多不明就里的投资者参与，但其实它也是危险的。对于这类外汇的杠杆炒作或杠杆投资，严格地讲，并不适合于普通的大众参与，而只适合于专门的金融机构和组织或极个别的炒家。

2. 投资外汇的风险与不足

（1）外汇的升贬值变化是交替复杂运动的，有时也可能是突然的、迅速的，投资者如果把握不好的话，则有可能造成亏损。

（2）各国外汇是各个国家货币价值的衡量物，其具有双重价值变化倾向：一是相对于本国商品的价值；二是相对于国家间的货币兑换值。由于社会的进步、大众生活水平的提高、劳动力成本的上升和部分资源的有限，一般来说，各国货币都具有总体贬值的倾向。但通常由于一国货币相对于另一国货币而言，其购买力的稳定性或贬值速率不同，使得各国的货币之间存在着相对的升值和贬值。所以，各国货币的总体贬值趋势是投资外汇的风险之一；而对于国与国之间的货币升贬值方向的估计与判断的失误，又是投资外汇的另一种风险。

（3）判断一国货币的相对升值与贬值趋势，涉及国际化的政治和经济总体发展大势，以及该国与有关参照国的政治、经济发展状况和力量对比。所以，一般情形下，投资者要具有国际的视野、历史的眼光，以及政治、经济、金融等方面的深厚知识，才能对投资外汇有更好的把握。倘若在这些方面有所欠缺，则决策的失误也就存在较高的可能性。

3. 投资外汇的几点建议

（1）投资者要深入了解自己所投资的外汇的国家的经济发展状况、趋势、时局是否稳定以及国家资源储量等，尤其是政治时局的巨大变革、动乱与更替，这些都可能导致该国货币的巨大波幅。

（2）投资者要了解国与国之间的货币升贬值幅度取决于国与国之间的政治和经济力量对比以及速度的对比，还有两国的政治、经济、金融政策，这对于正确投资外汇不无裨益。

（3）在大多数情况下，外汇的升贬值幅度与该国的基础性因素相关性很强，且由于这些基础性因素是长期的，所以，其反映在技术走势上的稳定性和可靠性在一般情形下都能良好地显示出来。因此，如果能较好地掌握金融技术分析工具，那么对投资外汇也会有较大的帮助。

随着各个方面的国际化交流越来越广，作为商品交换工具的货币，其互换流通也会越来越多。在各类外汇的选择投资中，如果投资者能具有国际化的视野和历史发展方向的判断力，那么，在外汇投资的博弈中，取得胜算的概率就会更大。

二、期货——实物投资（或现货投资）的杠杆保护

有人喜欢期货，因为期货具有强有力的杠杆功能，这使得资本有迅速增长的可能性。有人害怕期货，因为期货具有惊人的杠杆作用，可能使投资者在一夜之间破产，或沦落为赤贫，或成为沉重的"负翁"。

1. 投资期货的价值

（1）用一定量的资金购买某种类型的期货，可以在某种程度上较好地达到平衡经营某种货物的风险。比如说，某公司经营大豆加工生产，若该公司担心未来大豆涨价而影响公司的正常生产和市场营销，那么它可以购买大豆期货的多方头寸，以此来避免

因大豆可能涨价造成的对公司经营的冲击。

（2）期货具有很高的杠杆功能，这使投机期货具有非常强的吸引力。投资期货或者购买期货如果不是为了规避经营风险，那么，所谓的投资期货，在严格意义上，应当解读为投机期货。如果投资者确实具有期货金融方面的非常高的天赋，那么，投机期货或者说投资期货，就可能取得惊人的回报。

（3）期货价格的趋势虽然从根本上讲要服从现货价格的趋势，但由于期货的杠杆功能，所以期货价格的趋势通常会具有领先现货价格的趋势，即会存在一个价格发现的问题。所以，若能在期货交易的安全范围内，严密观察期货的交易走势，则可以洞察相关市场走向的风向标，从而能更好地顺应市场的变化，进而组织生产和经营。

2. 投资期货的风险和不足

由于期货的投资杠杆功能特别强，所以，人们原本是为了平衡风险而做的投资行为却转而变为投机行为，这将可能引发严重的财务失控后果。许多大公司都是因为走上这一歧路而背负重债或者破产的，并可能给国家造成重大损失。一般个人投资者更是由此走上歧路而家破人亡。所以期货作为理财工具，并不适合大众投资。

3. 对投资期货的建议

（1）期货投资的主要功能是平衡现货交易风险。所以，期货投资的最佳策略，就是针对拥有或者需要拥有现货的情况进行投资。任何偏离这一策略的行为，与其说是投资期货，不如说是投机期货。

（2）虽然期货投资具有极强的杠杆功能和平衡现货交易风险的投资功能，但从投资理财的角度来看，期货并不是一个合适的投资品种，或者说，并不是一个可以长期投资且具有长期投资价值的品种。投资期货本身具有极强的投机偏向性。从投资理财的角度看，期货投资基本上都可以归为短期投资，尽管也有远期期货。

（3）期货投资都是有时间性的，时间到了一定要交割，要么获利，要么受损，而且这种获利和受损都具有杠杆特性。所以，投资期货的纪律非常严格，而且要确保遵守。一旦突破纪律，便可能产生巨大的风险。若由缺口导致一发不可收的风险，则无法补救。

三、期权——止蚀性期货

期权，是指购买某种投资产品的选择权利，即在某一时期内或者权利到期时是否投资该种投资产品。期权的投资效果通常也具有杠杆作用，如果能判断正确，则投资的回报率较高；反之，亏损的概率也较高。它的最大优点是既有杠杆功能，又具有止蚀功能，即它最大的损失只是期权购买费。但投资者一定要注意，由于各方在社会或市场中扮演不同的角色，其各自的权利和所获取的信息是极不对称的。通常情况下，购买期权的一方多处于较不利的状态，或者说，期权设计方通常因经过严密测算而处于较为有利的地位。

1. 投资期权的价值

（1）在于既充分利用资本市场的杠杆功能，又能将风险控制在某一范围内，即使判断失误，最大的损失也只是全部购买期权的费用。

（2）期权投资具有可分析性。当投资者具有较高的分析能力时，分析正确的可能性就相对提高，从而有获得较高回报的可能。但由于投资本身的复杂性，因此投资者并不是很容易分析正确和掌握好。总体上，分析失误的可能性较大。所以，建议大多数民众不参与为好。

2. 投资期权的风险与不足

（1）投资期权的最大损失即为购买期权的费用，因而其具有一定的止蚀功能。但若购买期权的费用巨大，也就可能产生巨大的损失。由于投资期权的平均失误率还是比较高的，因此，投资期权的损失概率也比较高，这就可能造成期权投资的累计性的重大损失。

（2）选择期权投资的投资者，在潜意识里通常具有选择较高风险的投资倾向，由此很可能演变成侧重于投机的投资行为。由于人的贪欲，投资者极有可能逐步投入巨大的期权投资额，从而陷入巨大的财务危机中。

3. 投资期权的建议

（1）由于投资的复杂性和人的贪欲难以控制，绝大多数民众还是不参与高杠杆性的期权投资为上策，谨守自己的投资边界。

（2）投资者若要进行期权投资，则要详细深入地了解各类期权的功能和性质，认真分析自己所投资的期权产品的价格走势，严格把握投资回报的可靠性。

（3）在严格的投资纪律下，执行正确的投资策略。参与期权博弈，较高的收益与较高的风险同在。在高杠杆的投资工具中，期权最大的优点是具有较好的止蚀功能。因此，如果投资期权能够运用得当，则相对来说，它乃是在高回报的投资领域里取得较优博弈效果的理想选项之一，但切勿超越自身的财务能力作过量的期权投资。

四、收藏品——深藏不露的稀缺价值

在收藏品中，常见的有古物（含古董、古玩）、玉器、金银艺术品与金银饰品、字画艺术品、钱币、邮票、红木家具等。一些收藏品由于岁月的变迁而成为稀有宝物，从而价值倍增。还有一些收藏品，由于品质毁坏或破损，则可能降低其价值。但绝大多数的收藏品，大多会随着时间的推移而愈加稀罕、愈显价值。只是要鉴别收藏品的真伪及其价值，并不是一件容易的事，而且每一类别的收藏品都有其专业性。

1. 投资收藏品的价值

（1）一个暂未被人们发现的拥有历史文化载体的或者是与重要历史事件相关的收藏品，一旦其具备突出的时代特征而被人们所发现，则它的价值和价格就可能惊人地倍增。

（2）已初步具备或者已是历史文化载体的收藏品，多因岁月

的变迁，而使此类收藏品渐趋稀罕和重要，因此，其价值和价格的增加大多相当可观。

（3）已公认的收藏珍品，除了价值和价格通常具有与时俱增的时间价值特性外，大多也具有抵御通货膨胀和货币贬值的保值功能。

（4）一些收藏品，由于战乱等流失，一旦被重新发现，其价值将被重新确认，其价格也无疑将会被重新发现和重新评估，因而可能使价格飙升。

（5）一些历史文化的价值观念也会因时而异，也会产生变化。一旦一些收藏品被界定为具有历史文化价值，那么，其价值和价格自然就不可能与其昔日同日而语。

（6）一些艺术收藏品，可能因其特有的艺术价值被重新发现，因而其价格也会大幅上涨。

2. 投资收藏品的风险和不足

（1）如果由于各种原因（如地震、火灾等）造成某收藏品的损坏，那就可能极大地降低该收藏品的价值。

（2）有很多伪造、冒充的赝品，甚至一些仿制品逼真得如原件一般，其绝大多数应是不具备收藏价值的。所以，要充分鉴别那些根本没有投资价值的收藏品的伪造品和仿制品。

（3）有些收藏品的价值可能需要很长时间才能实现大幅度升值，而如果在相当长的时间内未能实现其应有的升值，那么该投资就可能没有达到目的，这也是资金运用效果的相对风险。

（4）收藏品涉及保管和防护的问题，如发生失窃、损毁等，则投资尽失。

3. 投资收藏品的参考建议

（1）要成为收藏品的投资者，首先要成为内行人，应当能够懂得鉴定、鉴别收藏品的真伪。要多学习相关的专业知识，以获取有关收藏品的价值判断能力，从而有利于做好有关收藏品的投资。

（2）收藏品的投资者应当懂得收藏品的专业保护措施，确保有关的收藏品不受损。因此，收藏品的投资者，有必要切实做好有关收藏品的保护和防护措施，如防盗、防损毁、防变质、防潮湿、防污染、防碎裂等。

（3）收藏品投资者要善于利用信誉良好的拍卖公司，以实现收藏品的投资价值。由于收藏品的品质鉴定并不简单，其文化艺术价值和历史价值的评估大多也是有相当难度的，而且具有一定程度的主观性，因而在一般情况下，大多数民众较难参与。对于大多数投资理财者而言，可以留心有关收藏品的投资价值，把其作为投资理财的一个选项，但并不一定非要把收藏品作为投资理财的不可缺少的工具。缺乏有关收藏品专业知识的一般民众，还是以不参与这一领域的投资为好，以免上当受骗。但是，若具有专业知识，并能把收藏品作为投资理财的工具加以有效利用，则其升值空间是相当大的，甚至是惊人的。

五、博彩——娱乐性投资

博彩，也称彩票，在许多国家既有公开发售的，也有民间地下非法进行的。各式各样的彩票吸引了不少人的参与，这导致不少人的财务支出与博彩相关。有鉴于此，本书把博彩列入说明，旨在让更多的人对博彩有更多的了解和正确的认识。

严格地讲，博彩根本不应列在投资理财的范畴内，因为博彩本质上不是投资理财的工具。虽然博彩也带有博弈的成分，但其博弈的胜率对参与者来说，总体上是处于非常不利的地位的。更为严重的是，博彩易于使人们养成不良与不当的预期。但因博彩与许多人的财务支出、财务管理有关，所以，本书从投资理财的反面的角度，把它作为投资理财工具进行阐述。

1. 博彩的价值

（1）社会上有许多人喜欢金钱博弈，或者说喜欢赌博活动。以往大多数博彩都是在地下进行的，尽管其是非法的活动，但从法律上却难以根治。而为了从正面提升这一活动，并使这部分的资金更多地流向更为有益的公益事业，因而博彩市场得以开辟。这就是人们所常说的"疏"利过"堵"。

（2）如果能正确引导，博彩仅作为人们娱乐和捐款的一个组成部分，它还是有利的。

2. 博彩的风险与危害

（1）真正的投资理财者是不会把大量的资金用来参与博彩的。博彩的中彩概率是经过数学严格测算的。在总资金的赢输格局中，彩民总体是必输无疑的。那些让极个别彩民兴奋的所谓特等奖、头等奖的中奖概率是非常低的。博彩的奖金额越高，其单位货币投入的中奖概率就越低，低到微乎其微，如数百万分之一。这样的一种概率，对于投资理财来说是毫无意义的。

（2）彩民在猜号上花时间，也是对时间的浪费（作为娱乐则另当别论）。虽然中奖号码实际出现的概率并不一定是纯粹的数学概率事件，但离纯粹的数学概率事件不远。通常，由于中奖机是多台交换使用的，应当能消除各彩球的些微物理特性差异。因此，中奖号码的出现概率几乎属数学上证明过的纯粹的数学概率事件。

（3）由于人的贪欲，许多人并不具备应有的自控能力，因而会沉湎于博彩，使自己的财务亏空于博彩，并导致财务危机和家庭危机，产生人生悲剧。这是博彩最为致命的危害。

（4）虽说小赌怡情，虽说一部分博彩资金可转化为公益事业的活动经费，尽管对于赌博应采取"疏"的方式，但总体上，博彩对人的思想的腐蚀是严重的，对社会人力资源等的浪费和耗损是不可小觑的。

（5）公开彩票市场与地下彩票市场可能互相推波助澜，使博彩的赌博特性愈加强烈和广泛。虽然可以严厉打击地下彩票黑市，但从博弈概率的角度来讲，公开的博彩与地下的博彩只在法理上不同，而在数学原理上却大体一致，其中奖概率与中奖金额总是有其内在的联系的，只是地下的博彩活动更容易发生金钱纠纷。但由于博彩的共性，这种对地下博彩活动的打击也仅仅是斩草不除根的行为，因此已有一些彩民深陷财务危机的深渊。

3. 对博彩娱乐的建议

（1）必须明确，彩民在博彩活动中的输局可能性远远大于幸运得大奖的可能性。因此，对博彩，只能持花钱买消遣和娱乐的心态，这样才不至于误入歧途。

（2）切勿信"买多，中奖机会就多"、"有买才有机会"的误导性宣传，这只不过是利用数学中简单的算术加法原理来蒙骗彩民而已。博彩其实是运用概率统计的原理进行运营的。

（3）拿一些小钱碰碰运气，娱乐放松一下，也无可厚非，但切勿玩真的，切勿把买彩票作为投资理财的工具来对待。

综上所述的各类投资理财工具，其利弊均存于一体。如何取其利而避其弊，无疑是一项非常有价值的工作。秉持积极的心态、科学的精神、谨慎的作风，应是在投资理财博弈中取得实效和成功的不二法则。

本书之所以在理财工具中提及一些不太适合大众投资的理财工具，主要目的在于：一是让大众更全面地认识金融市场上的各种投资理财工具；二是让广大理财者厘清一些不适宜于自己投资的金融工具的不确见解，以便做出更正确的选择，并取得良好的理财效果。

第❸章 | 理财博弈有策略

世事如棋有妙着，博弈入化见奇筹。

一般情况下，人们并不认为理财的思想、决策和实施与博弈有关。而事实上，只要牵涉思维的智慧性、决策的高低好坏、实施结果的优劣程度，尤其是许许多多的成败输赢，都不可避免地与博弈有关。本书之所以强调博弈性，是希望人们能认识到投资理财中有智慧、有智战、有谋略、有输赢，还有科学性，从而促进和提高大众投资理财的能力。

第1节　保值策略与保障策略

所谓保值策略，是指现有财富形态的实际转换购买力或真实价值，在未来某个时间点或未来一段时间内，都能可靠地保证拥有，甚至在此基础上还能增加一定的价值，而且这个价值量的变化与对比是可测算的。尽管其不易测算，因为导致价值量变化的参数太多，但通常人们多以通货膨胀率为依据来测算和对比现有的财富是否保值。

所谓保障策略，是指现有的财富体现的价值能满足未来社会变化以后人们的生存需求，使人们的生活仍不受影响。通常，这是比保值策略更为复杂的保护策略。

本书之所以把保值策略与保障策略一同论及，一是这二者皆是人们极为关注的，并有相同之处；二是这二者虽有相同之处，但二者未必必然一致，即可能会发生财富虽保值了，但财富拥有者却无生活保障的情形，或者财富拥有者虽实现了生活保障，但却未能使自己所拥有的财富保值。

一般来说，要实现保值策略，可以有两个办法：一是财富拥有者自己所拥有的财富的价格随通货膨胀而同速或更快速地攀升；二是财富拥有者自己所拥有的财富具有增值功能，且其增速高于通货膨胀的速度。第一个办法需要考察的是，什么财富形态的价值将会随通货膨胀而必定同步上升或相对地上升。通常情况下，房地产可作为范例。第二个办法要注意的是，什么财富工具可以有可靠性很高的增值功能。在一般情况下，可以把优秀的股票型基金和混合型基金作为范例。

若要实现保障功能，就须兼顾财富形态的保值功能、人生的保险需求和财富的增值功能等几个方面。举例来说，某人对30万元以现金折算的财富做了保值和增值安排，并考虑到了通货膨胀的幅度和速度。按理，这样一个安排能满足他未来30年的个人生活所需。但是，由于没有医疗保险及相关的其他保险，两年后，一场大病耗去了他20多万元的现金财富。这样，在做了相应的医疗费用扣除后，他只剩下了大约不到10万元的财富。按照他原来的保值及增值安排，就无法满足他未来30年的个人生活所需。从这个例子中，我们可以看到保值策略与保障策略的差异性。相比财富的保值，要想做好财富对生活的保障，需要从更多的层面予以考虑。

在考虑保障策略的时候，人们必须考虑具体个人在特定国情下受国家保障的情况。只有对这些做了综合的考虑和分析后，才能做出一个适合特定历史时期的个人保障策略。由于我国地域辽阔、人口众多，个人得到国家保障的程度千差万别，所以，每一个人必须根据自己现在与未来的状况，以及国家未来发展的方向，去判断和设计自己相应的保障策略。

第2节　成长策略与新趋势策略

财富的成长与财富的增值似乎是同义语，但财富的成长却更侧重于把资本投向未来发展更快、成长性良好的朝阳产业，同时也意味着尽力让资本能更高效地增值，而不仅仅是增值。

财富的这种成长策略既可以体现在实业创业的投资上，也可以体现在个体自身或家庭的智力开发投资上，还可以体现在金融领域的股权融投资上。以股权融资投资为例，假设投资者在股票市场上找到了一家极具成长性而又可靠性极高的公司，那么在合理的价位拥有该公司的股权，就意味着他已把资本融进了该公司的发展之中。除非该公司在法律上出了问题，或者出现了投资者愿意承担的风险，否则他应当能以较高的概率得到该公司良好成长的回报。

成长策略的重点是关注投资者所投入的财富形态所具有的成长特性和成长力度（或成长速度），同时，要考察它的安全性、可靠性和成功的概率。但一定要注意的是，所有的成长要素都必须建立在科学的、正确的认知上，要谨防那些虚无、夸张、误导的成长假象和虚假信息。

新趋势策略，是指财富的成长与社会发展的新趋势紧密相连，投资理财必须顺天下之新趋势策略而作为。而社会的发展和进步，又总是与新的发明、新的科学技术、新产业的出现息息相关的。

而新科学、新技术、新发明、新思想都将源源不断地给社会创造新的财富，给社会成员带来新的活力，给国家增添新的力量。而唯有那些掌握或者参与新生财富发展的社会成员、集团，才有可能得到更大的新生财富的份额。这就是说，投资者需要善于掌握投资理财的新趋势策略。

需要注意的是，从投资理财的角度看，新趋势策略有它自身的特点，并不是所有的新技术、新发明都会使投资者成为最后的赢家。首先，因为不是所有的新技术、新发明都是生命力无限的，故投资者不能不合时宜地参与投资。所以，对新技术、新发明的投资潜力进行评估和甄别是一项需要智慧的工作。只有那些生命力强大、影响时间长、影响范围广的新技术和新发明，在创造财富方面才能起到巨大的作用。其次，当一项新技术、新发明已经普及时，通常它已经走到了顶峰或者成熟期，此时投资就未必是合适的。

第 3 节　低风险策略与高风险策略

通常来说，风险的高低与收益的高低似乎存在着某种对应关系。因为如果有公认的低风险、高收益的投资品种或领域，那么社会资金就会大规模向其集中，社会多元投资就不能实现。反之，如果一个投资领域是公认的高风险、低收益的，那么，在一般情况下，也很难吸引人们参与投资。不过事实上，由于投资领域的复杂性，高风险与高收益、高风险与低收益、低风险与低收益、低风险与高收益等情况并存。一方面，这取决于投资领域的风险与收益的特性关系；另一方面，也取决于投资者对投资领域的风险认识程度与控制能力，以及对资金的管理水平。不过，总体来说，对于那些不谙投资专业知识的人来说，低风险对应着低收益，高风险对应着高收益，还是有着普遍的指导意义的。

那么，低风险策略的价值在哪里呢？它的价值就在于，当投资者对风险的控制不能把握时，就优先把资本或资金的安全性放在第一位。这一策略对于大部分人最终获得投资理财收益具有非常重要的价值。

一般来说，对于那些不愿意承担或没有能力承担大风险的人，最好选择低风险策略。另外，那些力图保护大资金的投资者，往往也会优先考虑低风险策略。而对于那些不谙投资事项的大众，选择低风险的策略则更为妥当。

通常，人们会把储蓄、国债和优异的固定收益债券以及由此三者所组成的基金或者混合型基金，看作是低风险的投资标的。

当然，从创业的角度说，要是从做小本生意或者从小规模生产开始，逐步稳扎稳打地发展经营业务，那么也可以将此视作低风险策略。不过，这种低风险策略的有效应用却可能孕育出高收益。

而那些期望资本金快速增值的投资者，都会把眼睛盯向高风险、高收益的投资领域，不过，高风险既意味着高收益，同时也意味着低收益或严重亏损，这是必须注意的。一些投资机构选择利用计算机设置风险控制系统，一旦投资参数达到了风险控制线，就自动执行控制风险措施。这是不错的风险防范措施和良好的参考。

我们前面也讲过，高收益未必完全对应高风险。即使在有高风险特性的投资领域，如果能卓越地了解和掌握风险的来源、特征，对风险进行控制，就可以大大地减少风险的冲击，这样，高风险投资就并不见得是碰不得、不敢考虑的了。

如果能够把高风险的策略与其他的策略综合应用，并且将高风险置于严格的控制下，那么，做部分高风险投资或者把它作为投资理财的一个部分，是比较合适的。人们通常把股票、期货、期权、风险投资和创业等，看作是高风险的投资领域或标的。

总之，低风险策略和高风险策略各有其价值。如果能够把二者应用得当，有机组合，一攻一守，顺时顺势，各采其长，那么就可以在投资理财中取得较好的投资成效。

第 4 节　风险平衡策略与风险程式平衡策略

风险平衡策略，是指将总投资依照某种比例分散于若干种风险或若干领域的风险中，在承担适当风险的前提下获取适当的收益。风险平衡策略包含若干风险种类（或者领域），它以某种机制加以转换，可以达到更好的风险平衡效果。

风险程式平衡策略也称风险自动平衡策略，是指在若干风险种类的投资中，选定某种指标或参数，使得这几部分的投资在选定的参数（或指标）下自动转换，以求降低总体风险和增加收益的策略。该策略虽然并不是最佳的降低风险、提高收益的可靠策略，但却是可以考虑的有其优点的投资理财策略。

目前，在我国已有许多人注意到了投资理财的风险平衡问题，但仍然有不少人对风险平衡策略的认知在深度和广度方面存在明显不足。而在风险平衡的产品开发和运作上，可提供给广大理财民众加以利用和选择的策略还比较有限。至于风险程式平衡策略，在系统运作的设计与操作上，目前还有待于进一步开发。

第5节　分散策略与集中策略

分散策略，是指将投资分散于若干方面，以避免孤注一掷的风险。分散投资策略的原则是"不要把所有的鸡蛋都放在一个篮子里"。分散投资由于在一定程度上分散了投资风险，故为许多投资者和理财人士所注重。只是，对于分散投资策略，每一个人的理解不尽相同，因而对这个策略的运用效果也就不太相同，甚至差别还非常大。但分散的度如何把握？究竟要多分散，才是优良方案？显然，分散不够，则不可能体现分散策略的价值；但太过分散，又可能导致如研究深度、精力和时间管理受局限等问题，降低分散策略的价值。因此，在分散基础上的适当集中，才是优化投资、控制分散度的较好选择。

所谓集中策略，是指要把投资尽量集中的一种策略。这种策略的思路与方法基于避免投资不专的风险。体现集中策略的原则是"做你自己最熟悉的"。集中策略有其自身的优点，那就是最大限度地发挥全部投资的效能。

分散投资策略和集中投资策略，既有相矛盾的地方，但又不完全对立。事实上，两者是相辅相成的。要是在适当分散的同时采取相对集中的策略，就是较优的选择，从而使分散策略与集中策略的价值都能得到更好的体现。因此，分散策略和集中策略的辩证关系，是投资理财博弈中的一个重要思想。

第6节　随机漫步策略与费用平均策略

随机漫步，指的是有关事件的发生是随机的，事件的运动状态是漫无目的的。在投资领域，有的人极力反对这种观点，但有的人却非常坚持这种观点。虽然许多人不认可这一观点，但这一观点却被一些权威人士经常运用。与之相关的有趣故事是：有几个反对随机漫步观点的股票投资专家，确信股票是可以理性选择的，而选择的结果能使投资效果更好。而另几个相信随机漫步观点的专家则提出挑战，说他们以飞镖投掷选择任意等量的若干股票，看谁的投资效果更好。结果证明，完全不同的两种股票选择方式所选出的股票，在总体表现上却是基本相同的。这使得许多人在不太相信随机漫步投资规律的同时，又不得不惊叹它的选择效果。随后，许多人投入了对金融投资的随机漫步研究，并利用它更有效地提高了金融投资的回报效果。正因如此，人们方才在逐渐实践的基础上提出了费用平均策略。

所谓费用平均策略，就是用定期定量的投资方法，即无论投资对象的运动或升降是多么复杂，但只要在未来不是呈现长期下降式运动状态，那么，采用定期定量的投资方法就很有可能取得良好的投资回报，而且波动性越大，投资效果越好。其在数学上则表现为：当投资产品价格上升时，定量的货币投入量就取较少的单位标的数量；而当投资产品价格下降时，定量的货币投入量就取较多的单位标的数量。经过长期的积累以后，累积标的的平均单位价格就能有效地表现出降低风险和提高收益的特性，如下图1所示。

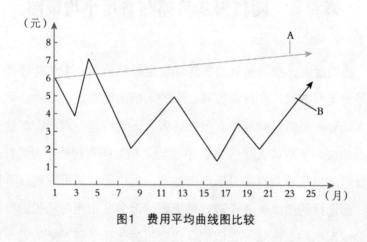

图1　费用平均曲线图比较

图1中有A、B两种类型产品的价格变化曲线，其中A产品价格呈连续上升的态势，而B产品价格则呈较大的波动态势。如果投资者采取定期定量的投资法，那么在直观上，很多人愿意选择A产品进行投资。而事实上，选择B产品运用定期定量的投资策略（即费用平均策略），效果更好。

许多权威的投资机构和大的投资公司都非常重视费用平均策略的运用，也将其作为重要的和有效的投资策略广为宣传。而它确实也是一个进行长期投资的良好程式和策略。要是能够自律地执行费用平均策略，其获得良好的投资回报的可靠性还是很高的。

值得注意的是，如果一个投资对象的运动方向是长期呈下降趋势的，那么，费用平均策略的投资效果是不能成功的，而只是相对地能起到某种程度降低风险的作用。所以，当投资者要采用费用平均策略时，必须非常清楚投资对象是否在自己所控制的区间内，其价格终点或结算点是否处在最低位区或接近最低位区，或者说，其价格趋势是否长期趋于下降。排除长期趋势向下之状况出现的确信度越高以及可靠性越强，那么，采用费用平均策略的成功率就越高。

当投资对象处于较复杂的、较大的波浪起伏运动状态，而且其波动的方向又总是在波折后逐步向上时，则运用费用平均策略进行投资理财是一个相当好的选择，也是广大民众做长期投资理财时可以采用的一种方法。

第 7 节　垄断价值性策略与资源稀缺策略

垄断价值是指垄断经营所拥有的市场垄断价值，或者说垄断所形成的卖方市场价值，在这种情况下选择的投资策略就是垄断价值性策略。

垄断价值往往与资源的稀缺性有关，因而资源稀缺策略实际是垄断价值性策略的一个方面，有它自己独具的特性。

从定义上讲，资源稀缺策略就是投资于稀缺资源的策略。因为稀缺的资源在通常情况下具有强大的升值潜力和保值效果。对于资源的稀缺性价值，大都也需要随着时间的推移才能逐渐地获得关注、认知和推升，并伴随通货膨胀的过程而波浪式地推高。

第8节　优质策略与价值比策略

人们在做投资理财的时候，肯定会碰到对有关投资理财的领域、方向或品种的选择问题。遗憾的是，在这个非常重要的问题上，许多人显得相当盲目，或者随意性地选择。在现实生活中，许多人都懂得货比三家，但在投资理财这件大事上，货比三家这项工作却通常被忽略，或是没有能够切实有效地做好。有鉴于此，投资理财者要坚决地树立货比三家的思路，而且要认真仔细地做好。只有如此，才可以采用优质策略与价值比策略，这对于投资理财取得更优的效果是至关重要的。

所谓优质策略，是指在投资理财的许多品种中，经多方比较和鉴别，选择最好的投资品种，或者虽不是理想中的最优，却是现实可操作的最佳方案之一策略。该策略可通过以下几种思路来实现：一是品牌思路。品牌通常凝聚和体现着同类产品的优胜情况和实力状态，尤其是当某品牌呈长期可持续状态时，其价值就更高。二是实力思路。对有关投资品种现在的状况和历史数据进行分析，如果历史数据显示其更优且其现状更强，并且在可预见的未来将表现更好，那么可将其作为优质品种的备选。三是信誉思路。信誉好的投资品种，确定性一般较强。在此基础上，经综合考虑多方面因素，若具优胜特性，就可将其作为优质品种纳入投资理财重点观察、审查、评估和选择的候选产品之中。

运用投资理财的优质策略时，往往要通过多方面的价值比较，才能正确选择与应用。在这里，科学和严格的价值比策略是非常重要的。

人们的价值观不同，在对投资对象的价值做比较时，所用的方法和得出的结论也可能会有比较大的差别。所以，为了对投资对象在价值上能够采用某种统一的方法进行比较和判断，我们在这里就主要从财务的角度作一个价值比较的说明。当然，投资者可以选择更系统的标准参数来进行价值比较。不过，在进行财务数据的价值比较时，必须要有一个前提，那就是财务数据必须是真实可靠的，即必须真实可靠地体现企业的实际经营情况，否则，这样的比较便失去了真实性的基础，那也就无法做到真实和有价值的比较了。

在进行财务数据价值比较时，首先要将可比对象的财务数据转换成标准的财务指标，比如销售毛利率、净利润率、净利润同比增长率、净利润环比增长率、年净利润增长率、每股净资产、净资产收益率、每股公积金、每股未分配利润、资产负债率、主营收入同比增长率、每股收益、每股经营现金流、净利润总额、总股本、市盈率、动态市盈率等。

这些财务数据指标对进行价值比较都具有重要的意义，并且进行的比较越全面，就越有可能得到可靠的结果。不过，在许多数据指标比较中，有可能会出现比较对象之间存在各有所长、各有所短的情形，这就可能出现顾此失彼的情况。所以，在综合评估时，还得多关注较为重要的几个关键指标数据。

1. 市盈率与动态市盈率。市盈率既体现了企业创造利润的能力，也是反映投资回报率或资本回收速度的一个重要指标。所以，在一般情形下，人们一讲投资，就会关注市盈率。但市盈率只对衡量稳定增长的公司意义较大，而对于业绩波动巨大甚至时时"变脸"的公司的权衡作用就弱化了。为了更好地体现市盈率的评估价值，人们引入了动态市盈率指标，从动态的角度来评估市盈率的价值状态，这无疑对市盈率的价值衡量有显著的改善意义。通常，人们对于稳定增长的公司给出的可投资的市盈率范围是 8 ~ 20 倍，低于 8 倍通常是极好的安全区，远高于 20 倍的则一般认为已进入高风险区。但对于高速发展的公司，市场通常会给出更高的市盈率。显然，这是因为其动态市盈率会迅速下移。而对于走向衰败的公司，对其市盈率就要保持警惕。这是由于在其价值迅速降低的同时，其动态市盈率也会急剧升高。而对于经营不稳定的公司，市盈率（包括动态市盈率）的评估作用就会弱化，评估难度增大。

2. 年净利润增长率。假如判定某家公司能够可靠稳定地发展，那么，年净利润增长率就体现了这家公司稳定发展的速度，这对于确定投资回报率来说是极为重要的。稳定的年净利润增长率具有很好的评估价值。但不稳定和经常"变脸"的年净利润增长率，则可能误导投资者，这是需要警惕的。

3. 销售毛利率和净利润率。公司的获利能力与获利空间，对投资回报显然具有重要的价值。一般情况下，销售毛利率的高低制约着净利润率的高低。销售毛利率也极大地影响着公司经营的净利润，而净利润率则很好地反映了公司的实际获利能力。不过，需要注意的是，公司的销售毛利率与净利润率很可能会随着时间的推移和市场环境的变化而变化。而其是否稳定，以及是升高还是下降，则对公司的成长和财富的积累，都具有非常重要的价值指向作用。

4. 净资产收益率，对于公司的净资产积累速度有决定性的意义，对投入资本的回收和回报有重要的价值指向作用。

另外，还有一个很重要的价值项，但它很难形成数据指标来衡量，那就是公司管理层的价值。公司管理层对自己公司事业的忠诚度、对社会的责任心以及管理水平等，都非常重要。因为这些要素对公司的兴衰成败至关重要。所以，优秀的投资者都非常重视公司管理层的价值。虽然此价值项较难进行数据化的比较，也具有某种不确定性和模糊性，但它仍然是可以进行筛选的，而且往往在公司的有关数据中也会表露出公司的经营状况。

对于不同的经营领域或者不同类型的公司，其价值比较无疑要加入更多的考虑因素，比如独特性如何、相对垄断性如何、未计入财务报表的储藏资源如何等等。

之所以要把价值比较作为投资理财的一个重要策略，除了因为价值投资是投资理财的核心理念之外，还在于它相对容易操作。在财务数据的价值比较中，只要投资者认真审查相关企业或公司的财务数据，看它们是否真实，就可以比较各相关财务数据指标的价值高低，这样再综合评估与审查关键指标的优劣，便不难做出准确投资理财的决策。

第 **4** 章 ｜ 理财增长模型

　　信不信神，是信仰的事，但这世上确实有神奇。究竟奇不奇，就看离你把握的能力有多远。许多人并不明白的事，尤其是那些还能出人意料而让人惊奇的事，大概也就可算是神奇之物象吧！不过，掌握看似无奇而又神奇的思想，却可能蕴藏着巨大的财富。

第 1 节　理财增长的底线

"无形的手"常常就在眼前却看不见，好似偷你蛋糕的未必就是你能看得见的猫。通货膨胀就是在不知不觉中偷走你辛辛苦苦积累的财富的"看不见的手"。理财者是否善于投资理财，必须有一个衡量的指标体系。而在这个指标体系中，理财增长的底线就是通货膨胀率。

所谓通货膨胀，就是指纸币的单位货币的总体平均购买力随着时间的推移而不断地在下降，即货币不断贬值。既然通货膨胀意味着货币的贬值，那么，以货币形态体现的财富如果不能保值和升值，那么无疑就会导致人们平常所说的财富缩水。只是在一般情况下，人们并不会明显地感受到，因此，许多人忽略了这个严重侵蚀自己财富的极为关键的要素。

理财收益率与通货膨胀率

投资理财的收益率是否能够超越通货膨胀的货币贬值速度，是许多人都关心的问题。这个问题对很多人而言是个难题，因为能真正做到使投资理财的收益率超越通货膨胀的货币贬值速度并不容易。在把投资理财的收益率与通货膨胀的货币贬值速度进行比较时，人们大多还只是考虑温和型通货膨胀的情形。实际上，人们还必须考虑到剧烈型通货膨胀和恶性通货膨胀的情形。

不过，温和型通货膨胀、剧烈型通货膨胀和恶性通货膨胀的划分是没有绝对标准的，这里的划分主要从投资理财的角度进行，目的是能够为投资理财的决策服务。本书把年通货膨胀率小于 10% 的情形，作为温和型通货膨胀；年通货膨胀率大于 10% 而小于 50% 的情形，作为剧烈型通货膨胀；而把年通货膨胀率大于 50% 的情形，视为恶性通货膨胀。

1. 温和型通货膨胀与投资理财

从历史上看，一个国家在大多数时间里通常都处于温和型通货膨胀状态。通货膨胀率与银行的利息回报率越接近，这种温和型通货膨胀对个人生活的影响就越轻微。在这种情况下，要在投资理财中找到超越通货膨胀幅度的投资品种也相对容易一些。不过，如果虽然属于温和通货膨胀，但通货膨胀率与利息率之间相差较多，如当通货膨胀率接近 10% 的较高区域，而银行利息回报率却在靠近 1% 的低端区域时，则在投资理财中找到跑赢通货膨胀率的投资品种就相对较难。

2. 剧烈型通货膨胀与投资理财

一般来说，一个国家会有可能在某个特定时期产生剧烈的通货膨胀，只要历时不长，对原有的不能增值的纸币财富的贬值幅度一般还在人们的容忍范围内。但如果历时较长，则这种贬值幅度是相当大的，对人们造成的刺激会相当剧烈，此时有可能引起抢购狂潮。

在剧烈型通货膨胀下，投资理财的收益率要跑赢通货膨胀率，对应可选择的投资品种相对有限。一般情况下，存款、保险、债券等较低收益率的品种很难超越剧烈型通货膨胀率。良好的股票投资也许能超越剧烈通货膨胀率，但难度非常大。这个时候，投资于实物稀缺资源可能是最好的保值乃至增值的途径，部分资产性资源和生活必需品通常也是良好的保值品。

3. 恶性通货膨胀与投资理财

恶性通货膨胀一般来说很少发生，只有当政局大变或者政府管理的整个系统出现问题时才有可能发生。毫无疑问，绝大多数的人无法承受恶性通货膨胀。发生恶性通货膨胀时，经济开始步入混乱，货币信用出现危机。有时候，经过严重的恶性通货膨胀后，货币很可能被重新定义。这个时候，大多数投资理财的工具都战胜不了恶性通货膨胀，唯有实物类的稀缺资源、金银、土地、房地产、生活必需品和社会历史资源如艺术品等，有可能起到保值和增值的效果。

另外，在经济运行中，有时会发生经济通缩现象。经济发生通缩时，通常市场上商品会供过于求，社会购买力衰退，这也意味着货币相对升值和现金购买力提高。此时，原有的货币财富基本上不会面临贬值的风险。在这样的时候做投资理财，似乎可以暂时不关注通货膨胀的风险。但是，要注意的是，从历史的角度看，这基本上是暂时的现象。再有，经济运行中有时会发生滞胀的现象，即经济停滞不前或者经济不能增长，但通货膨胀照样发生，这时，投资理财的难度也会加大，须重视通货膨胀的风险。

因此，只有当人们对通货膨胀有足够的认识和重视时，才能进一步加强对投资理财的重视，进而掌握财富博弈的相对优势。

第 2 节　货币的升值与贬值

货币的贬值与升值，一般有对内和对外两种情形。有人说，货币的对内贬值应当称为通货膨胀，而货币的贬值与升值应当是对外币而言的。这样的划分虽说是可以的，但并不全面和准确。货币的对内贬值既可称为通货膨胀，也可直接称为货币贬值。但如果不把在通货膨胀情形下的货币贬值直接称为货币贬值，那就不能强化人们的货币升贬值观念，也不利于人们对货币价值的动态认识，更不利于强化人们的正确的投资理财观念。

货币对外的升值和贬值，通常既是相对的，也是复杂的。本国货币可能同时出现对 A 国货币升值却对 B 国货币贬值的情况。一些国家为了在整体上考虑本国货币相对于外币是升值还是贬值的情况，就采用一篮子货币加权的计算办法，这样有利于制定本国的货币政策。所以，人们在声称本国货币对外币是升值还是贬值时，一般要说明是相对于哪个国家或者地区。本国的货币与其他各国的货币之间的汇率始终都在变化。

货币的贬值与升值有对内和对外之分，这对于制定和选择投资理财的策略极为重要。当采用外汇和国际化的路径进行投资理财时，国际性的视野是非常需要的。这时，对国际的政治、经济和金融趋势的准确判断，是获得良好理财效果的关键因素。

我们在这里再一次强调的是：面对国内的通货膨胀，货币的价值总是走向贬值的；而本国货币相对于其他各国的货币，其货币价值的变化往往随时间此起彼伏，有时也可能会有比较稳定的升值，但有时也可能贬值。

第3节　现金的时间价值

对于善于投资理财的人来说，作为货币的现金必须能够随时钱生钱。英语俚语"Cash is king"，意即在某些关键时刻，现金有非常高的当下时间价值。其实，即使在平时，现金也有它的特别价值和威力。在这里，为了合理考察一般情况下的现金的正常时间价值，我们撇开特殊时刻的现金价值，而一般化地估算现金的时间价值。

通常，现金的时间价值的低端可以根据银行的利息率计算，即采用最低的活期利息率也可，或采用一年期的定期利息率也可。显然，利息率通常大多在 0 ~ 10% 之间。而现金的时间价值的高端，可以以较好的投资回报率加以参照，大多数较合理的回报率大约在 5% ~ 30% 之间，有时甚至可以更高一些。为了更好地从投资理财的角度看待现金的时间价值，我们可以从以下两个方面予以考虑。

一、现金的现在价值与未来价值

现金的现在价值，一方面是指现金在当前为每个人生活服务的价值，这个价值的高低因人、因事、因时而异，但却是实实在在的价值表现，也就是人们必须用现金进行等价交换物品来满足生活的现实所需；另一方面是指当前单位现金的综合购买力的价值，这是人们在通常意义下做投资理财时进行比较的着眼点。

现金的未来价值，一方面指未来某个时间的综合购买力的价值，另一方面则是指当前的现金经正常速率增值后在未来某个时间点的现金总价值量。后者是投资理财时需进行比较的重点。未来现金总价值量的多少，有赖于个人所采用的有效参照利息回报率或投资回报率，它取决于个人的投资理财能力。举个例子，假设甲、乙、丙三个人在当前分别拥有 10 万元的现金，如果这三个人投资理财的年平均复合回报率各为 2%、10%、20%，那么，在二十年后，这三人各自 10 万元现金的未来现金总量分别为：

甲　$10 \times (1+2\%)^{20} = 14.859$（万元）　　增加值　4.859 万元

乙　$10 \times (1+10\%)^{20} = 67.275$（万元）　　增加值　57.275 万元

丙　$10 \times (1+20\%)^{20} = 383.37$（万元）　　增加值　373.37 万元

如前所述，一般情况下，年利息回报率可在 0 ~ 10% 之间，而大多数正常的投资回报率都在 5% ~ 30% 之间，那么在现实生活中，甲、乙、丙三人的投资理财年平均复合回报率各为 2%、10%、20% 是可以实现的。不过，在一般情况下，要获得较高的回报率难度较大。再假设甲、乙、丙的投资理财能力与他们各自的年平均复合回报率 2%、10%、20% 相匹配，那么，甲、乙、丙各自经二十年的努力后，他们未来的现金值则为上述的计算值。从这组增加值的对比中可以看出，乙的增加值是甲的 11 倍多，丙的增加值是甲的 76 倍多。再假设甲、乙、丙三人都在 40 岁时开始准备积攒一笔钱，以备 60 岁退休后生活用，他们三人同样各自以 10 万元开始投资理财，而由于甲、乙、丙三人的投资理财的能力不同，因此他们在 60 岁时所拥有的现金价值量的差别巨大，这对三人退休后的生活质量的影响是不言而喻的。上述举例旨在说明，是否善于投资理财，对个人未来的生活影响巨大。从这也能够看到，重视投资理财有多么重要。

至于现金在未来时间的社会综合购买力价值，肯定也是投资理财时所必须考虑的。只是在未来的某个时刻的物价水平，对每个人来说基本上都是相同的。所不同的是，大家现在究竟如何考虑投资理财，以及各人投资理财的智慧有多高，这对每个人的影响是不同的。

当然，为了普遍性地说明现金的未来价值，也可以将适当的利息回报率（如年利息率）作为参照来进行测算，以便人们对现金的未来价值的认知达成普遍共识。

二、未来现金值的现在价值

就现金量的变化比较而言，上述已经说明了可测算出当前现金在不同的年复合平均回报率下的未来现金价值量。同理，未来现金值的现在价值，也可以在考虑不同的年复合平均回报率下进行逆运算求得。不过，未来现金值的现在价值计算，大多采用温和型通货膨胀率或年平均复合利息率来进行测算，旨在揭示一般情形下的未来现金值的现在价值。不过，事实上，未来现金值的现在价值，主要取决于通货膨胀的情况以及每个人当下的现金是否具有特殊的价值（即每个人自己在当下对现金需要的迫切程度以及现金所具有的特殊功能的价值）。而当遇到剧烈型通货膨胀或恶性通货膨胀时，未来现金值的现在价值肯定要有价值得多。所以，适当提前使用货币现金用于投资理财，是值得重视的，其所能增加的价值也是不可小觑的。

总之，要做好投资理财，就必须对货币的现金时间价值、现金的未来价值和未来现金值的现在价值有所了解，这对于以货币为标志的财富管理甚为重要，同时对于以货币为标志的财富增长也有深刻的影响。

第 4 节　S 形理财增长模型

当人们在了解了通货膨胀、货币升贬值和现金的时间价值后，本节就投资理财的若干优异增长模型予以说明，以为读者提供投资理财的有效思路和实战方法。

我们可以把任何运动对象都看成是有生命的，而任何一个生命体，也都有他诞生、成长、成熟、死亡的整个历程。为此，我们也可以把投资理财的对象看成是一个个生命体。若以 A 和 B 代表两个不同的投资生命体，则可画成如下图 2 所示。

从图中可以看出，当投资生命体 A 发展到 O 点时已开始走向衰亡，这时，人们就应当抛弃 A，去寻找另一个投资生命体 B，而这时投资生命体 B 正在从成长走向成熟巅峰。通过从 A 投资生命体转换到 B 投资生命体，财富便能得到有效延续和积累。同时，为了实现时间价值，我们最好能在时间点 O 点左右由 A 投资生命体切换到 B 投资生命体。显然，要做到这一点，就必须在时刻点 O 点之前寻找好（或者开发好）投资生命体 B，依此类推，我们就可以不断地延续收获各个投资生命体的发展和成熟的巅峰状态。如果把投资生命体 B 的衰亡开始点 O* 点与投资生命体 A 从起始阶段到衰亡开始的 O 点的整个过程连成一个图形，那么，这个图形就可以近似地看成是一个倒 S 形。由此，我们便可以把这个发展过程称为 S 形的财富发展过程。

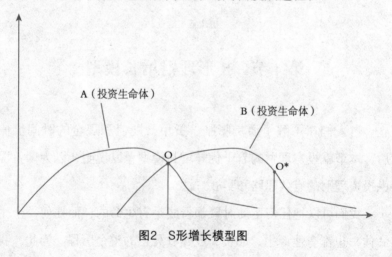

图2　S形增长模型图

在投资理财中，假如我们的资金（或资产）能够按照上述 S 形增长模型图运行，即在投资生命体 A 走向衰亡的开始时退出，而选择进入另一个处于发展且逐渐走向成熟的投资生命体 B，那么，这样循环往复下去，投资理财的效果肯定就比较好。

在投资理财的实际运行中，尽管从 A 投资生命体的衰退到 B 投资生命体的成长切换不一定能那么好，但这样的思路对投资理财是具有指导意义的。这里的关键点是要能够智慧地认知投资生命体 A、B、C……走向衰亡的转折点，如 O 点或 O* 点等，以及确认新的生命体进入了成长、发展和走向成熟的时期。

第 5 节　理财的复利增长模型

复利投资理财是一个大家都比较熟悉的增长模型，但它的理财成效许多人并不见得清楚。下面，我们举例来说明。假设银行每年定期存款利息率是 3%，这样，把一笔资金做每年的滚动定存，这笔存款每年就将会有 3% 的复利收益，具体见下面简略复利增长表：

利率\储蓄期限(年)	3%	5%	7%	10%	15%	18%	20%
10	1.3 439	1.6 289	1.9 672	2.5 937	4.0 456	5.2 338	6.1 917
20	1.8 061	2.6 533	3.8 697	6.7 275	16.366	27.393	38.377
30	2.4 273	4.3 269	7.6 123	17.449	66.211	143.37	237.37
50	4.3 839	11.467	29.457	117.39	1 083.6	3 927.3	9 100.4

从上表中可以看出，某笔资金存款若以 3% 的利率每年滚动定存，则十年后是初始存款的 1.3 439 倍，二十年后是 1.8 061 倍，三十年后是 2.4 273 倍，五十年后是 4.3 839 倍。对此，有些人可能并不感到以为然。但如果每年能获得 15% 的复利率收益，则十年后是初始存款的 4.0 456 倍，二十年后是 16.366 倍，三十年后是 66.211 倍，五十年后是 1 083.6 倍。换句话说，如果一个投资者在 25 岁时有 1 万元，只要能够获得 15% 的年复利率收益，那么，在他 75 岁时，就可以成为千万富翁。巴菲特从几万元起家，经过几十年的略高于 20% 的复利率投资，成为世界上著名的亿万富翁。从上表中还可以看到，若年复利率是 20%，则三十年后便是初始存款的 237.37 倍，五十年后是 9 100.4 倍。所以，投资从越早开始越好，积少成多，集腋成裘，便会有巨大的收获。

第 6 节　理财的几何级数型增长模型

所谓理财的几何级数型增长模型，就是按如 2、4、8、16、32、64、128 等的级数形态增长，这也可以写成数学表达式 $F(n)=A^n$，其中，A 可为大于 1 的合理实数，n 为自然数。如果取 A 为 2，上式就表达为 $F(n)=2^n$。这也就是人们平常所说的翻倍增长，所以也称为倍增模型。

应当指出，在现实投资理财中，能够无穷地翻倍投资是不可能的，但倍增模型或几何级数增长模型对投资理财还是有指导意义的。首先，在现实中，投资理财存在翻倍的机会；其次，投资者若能每次或者每年取得10%的增长幅度，那么，7次或者7年左右就相当于将近翻倍增加，这也可以作为一种换算。所以，每7年或7次的倍数时间，就使得资金翻倍增加一次。从而，在长时间里实现若干次的翻倍效果是惊人的。

第7节　IPO增长模型

IPO是英文Initial Public Offering的缩写简称，意思是指公司股票首次公开募股。股票在实现IPO时，原有的投资会增加几十倍都是常见的事，所以，若能在股票IPO前参与投资，实现IPO后便会有极大的升幅。因此，人们把这种投资理财方式称为IPO型增长模型。

假设投资者有三次机会实现IPO，每次增加10倍，且假设所有的资金都参与滚动，那么仅这三次，投资者就实现了1 000倍的增加额。在理论上，IPO的增长模型仍然可以归结为一个简单的数学表达式：$F(n) = A^n$（其中，A可取大于2的数）。在前面举例的IPO增长10倍的情形中，则是$F(n) = 10^n$。这无疑是增长惊人的数学表达式。现实中，正是因为IPO的增长模式如此耀眼，才使得人们趋之若鹜。只是由于受到参与IPO的规则限制，并不是人人都有机会参与，只是较少的一部分人才有机会参与。因为参与 IPO 之前的投资为风险投资。之所以称为风险投资，就是因为所参股投资的公司有可能上市，也有可能不会上市，还有可能破产甚至倒闭。所以，由真正实现 IPO 所获取的资金利润，并不就是仅仅获得 IPO 那部分资金所获得的高额利润。不过，管理好的风险投资公司，在总体收益上还是相当不错的。

总之，IPO 资本增长方式是相当好的投资理财方式。

第5章　多方对比——优化选择

　　在投资理财中，任何投资品种的对比所显现的优劣性都具有某种相对性，而任何投资品种的优劣性，对于不同的人来说，也具有相对性。本章就常见的投资理财工具作一些对比分析，便于读者对有关的投资标的进行比较和权衡，进而有利于投资理财的正确选择和决策。

第1节　债券与银行储蓄的对比

债券可分为国债、地方政府债、企业债等。本书所指的储蓄，是指在银行里有利息的存款储蓄，而不是指存在他处的钱。债券与储蓄这两者在安全性、风险性、收益性、流动性及流动性成本等方面，有诸多相同之处，但也有其相异之处。

一般来说，债券与储蓄在安全性方面相对都比较好，尤其是国债与银行储蓄。但从市场角度看，债券里也有垃圾债券，风险也是相当高的。说得通俗一点，就是人们把钱借给某位信誉等级不高的公司用，很可能它连本钱都还不了。同样，把钱存在信誉度不高的银行或经营不善的银行里，风险也是有的，甚至有本息拿不回来的可能性。不过，这种情况毕竟不多见。相对来讲，投资在垃圾债券上遭受重大损失的可能性会更大。所以，如果投资国债以外的债券，还是要认真仔细地辨别和筛选，以规避投资债券的风险。

通常，债券的流动性要比银行的储蓄差一些。一般情况下，当需要资金周转流动时，套现债券的流动性成本要高于银行储蓄。尤其要注意的是，投资债券型基金可能有更大的流动性成本。很多债券型基金有买卖的差价，大多数高达 2% ~ 3%，甚至更高。而且，债券型基金的管理公司每年还要收取基金管理费。所以，若是短期投资债券型基金，就很可能产生更大的流动性成本。

也正因为债券的流动性成本和风险都有可能比银行储蓄高一些，所以债券的收益率通常也会比银行储蓄的利息率稍高一些，以吸引投资。但有时由于政策变化的时间性等原因，储蓄的利息率比债券的年收益率还要高也是有可能的。一般来说，对于大多数的企业债券，由于公众普遍认为其风险性偏高，所以，企业也普遍地愿以更高的债券回报率来吸引投资者。

不过，究竟是将资金投资债券好还是存在银行里好，不同的人有不同的做法。一般来说，如果投资者能排除流动性成本，而且当国债的年收益率高于储蓄的利息率时，那么，投资国债应会更好。但如果投资者有能力在更高收益的债券中选择极为安全的债券，那么，也可以考虑选择有投资更高收益的债券。

投资者如果没有能力判断债券的安全性和筛选债券，而又希望投资较安全的债券，从而获取相对高一些的回报，那么，就可以考虑投资债券型基金。但是必须注意，投资债券型基金最好做中长期的投资安排。

如果需要考虑流动性成本以及应付生活中的急需，那么，一般来说，做不同周期的银行储蓄可能更为合适。这个时候，可以考虑做更为合理的滚动储蓄，以获得更好的储蓄利息回报。

至于银行里的各种理财产品，是否与存在银行里的钱一样获得利息，一定要询问清楚，千万不要认为这钱是放在银行里的，跟储蓄一个样，很可能银行里的理财产品的风险比银行储蓄要大得多。所以，在银行里储蓄存款与在银行里买理财产品不是一回事，千万不能混淆。

第 2 节　储蓄保险与稳健利息收益的对比

保险可以分为储蓄保险和非储蓄保险，这里主要讨论储蓄保险与其他利息类收益的投资效果情况。债券的利息收益和银行储蓄的利息收益基本上是比较可靠的和安全的，所以，也可以称它们为稳健利息收益的投资品种。但投资储蓄保险与投资稳健利息收益哪一个更好呢？

本书前述内容已对投资债券与银行储蓄进行了对比，下面我们来看一看储蓄保险的特征。

保险的最大功用在于它的保险功能或者说保障功能，其次才是它的储蓄功能（或者说是储蓄性投资功能）。保险的储蓄功能与银行的储蓄功能有相近之处，但也有其显著的不同。一般来说，银行储蓄可以随存随取，非常自由，本金一般也不会有损失，只是在利息方面会有一些不同。这是银行储蓄在流动性方面的好处。不过，也正是因为这样，意欲通过银行成功地存一大笔钱，对有的人来说却是意志力上的考验，意志力薄弱的人就可能较难通过长期储蓄积累一大笔钱。而对于储蓄保险，如果储蓄的时间不够长，那么任何方式的取款都可能使获利受损，甚至使本金受损。不过，这个不利之处的反面就是可以迫使一些人进行强迫性的长期储蓄，从而实现一笔可观的储蓄累积。同时，还有一个重要的额外好处，那就是储蓄保险还有保险或保障功能，这个功能是银行储蓄所没有的。不过，投资者要清醒地认识到，即便是自我强迫性地进行长期保险储蓄，也不是人人都能够做到的。事实上，不少人在缴费时间不长后便选择了退出或中断保险，这样，投资者就会由于自己所买保险的保期原因而遭受利息甚至连带本金的损失。其损失的大小则依时间的长短而有别。

不过话又说回来，为什么保险会具有储蓄功能呢？这是因为保险公司所设计的险种既为公司的利益着想，又为保险投资者的利益考虑。保险公司接受投保人购买储蓄型保险的保费后，扣除掉公司各种人员的劳动成本，然后把余下的钱用于储蓄和投资。而这余下的钱是如何投资的呢？这取决于公司的经营理念和经营战略。绝大多数的情况是，保险公司将 80% ~ 95% 的钱用于投资债券以及银行储蓄，5% ~ 20% 的钱用于投资股票等。在整个世界范围内，由于这一二百年的股票投资历史证明了股票的投资收益的年回报率在总体上高于债券，所以，余下的做股票投资的这一部分钱，其总体长期回报率也一般略高于债券的回报率。只是在扣除掉公司的各种费用后，储蓄保险满期后的总体回报率与投资债券的回报率基本上大体相当，一般只会略高于银行储蓄的利息回报率。当然，不同的保险公司，由于其管理和投资水平不同，因而投资回报率也有很大差别。但是，为什么保险公司不会把客户的保费全部用于投资股票呢？这是由保险公司经营的安全性所决定的，甚至国家还有这方面的规定指引。不过，现今在发达国家，也有专门进行股票投资的保单，风险由客户自负，保险公司只照例收取保险费和管理费而已。

保险代理员或者顾问经常会把买储蓄保险说成是储蓄加保

险，理由就在这里。只是应当注意，保险代理员要把保险的"断保"风险给予充分的说明才比较好。当然，投资意识非常强的人，也会把买包括无储蓄的保险在内的都看作是投资行为。

所以，储蓄保险与债券、银行储蓄对比，也各有其长短处。那些需要保险功能而又能进行长期储蓄的投资者，买储蓄保险自有其价值和长处。而对于那些不需要保险功能且无力进行长期和自律的储蓄投资者而言，做债券投资和银行储蓄应更稳妥。

对于投资理财博弈而言，时间是一个极其重要的参照标准。对于保险来说，其最大的价值在于它对人们人生时段的保障功能；但其最大的不足是，当储蓄保险未到保单满期时中断保险，将会遭受利息与本金的较大损失。所以，投资保险时必须对保险的时间跨度有足够的思想准备，这样才能更好地策划投资保险。

第 3 节　股票投资与储蓄型投资的对比

前文已述，储蓄保险、债券、银行储蓄等，基本上都可以归为储蓄型投资。这一类投资的回报率，大多是以某一定量的利息率为标志的。现在我们来看看投资者广泛参与的股票投资与这些储蓄型投资对比有哪些优缺点。

自有股票市场开始，从大多数国家的历史情况来看，投资股票的总体年平均回报率都高于债券和银行储蓄的利息回报率。这是吸引许多人投资股票的一个基本原因，也是吸引大量机构投资者参与股票投资的根本原因所在。当然，股票投资还有一个最吸引人的地方是，如果投资者有独到的眼光或高超的投资素养，能把握恰当的投资时机，就有可能使资本迅速增长，并在一段不长的时间里使资本以数倍、数十倍的速度增长。而在一个较长的时期里，还有可能使资本实现几何级数的增长。这是股票迷人而又容易使人失控的地方。股票的风险在于，在一个可能有高回报的自由交易的市场上，资金奔涌的结果自然会使市场产生泡沫和脱离其本身内在价值的情况，从而产生风险。

如果从各个国家的股市发展情况，以及股市里上市公司的生存、成长、发展和消亡情况来看，在数学上有一个较好的投资模型。这个模型就是以确定的时间间隔和确定的投资资金数量，投资于股票指数基金（即应用前已述及的投资费用平均策略）。这个模型从数学理论和股市投资特性上都能较好地证明，稳健收益和降低风险是可以实现的。不过，应用这个模型也可能导致投资失效，毕竟任何投资都要承担整个社会长期走向衰退的风险。有的国家和地区在某个较长的历史时期里是完全有可能出现这种情况的。比如，日本从 1990 年到 2014 年的二十四年时间里，就被称为日本失落的二十四年，日经指数从 1990 年的 30000 多点蜿蜒下跌到 2014 年的 10000 多点（最低到万点以下）。

当我们明了股市投资的主要风险、收益特征及股市的功能和本质时，就可以在一定程度上判断投资者自身是否适合于股票投资。一般来说，投资的期限是一个重要的衡量标准，而投资者对股市的了解程度也很重要。但投资股票必须注意的是：一是不要借钱炒股；二是若要学习投资股票，不要一开始就重资炒股，也不可性急，以避免付出惨痛的"学费"；三是频繁地超短线投资股票是犯了股票投资的大忌的，而应当以中长期投资于那些肯定性强的成长股或优质股为宜。

对于那些资金比较充裕，资金投资的期限又比较宽松，而且对股市有比较全面深刻了解的投资者，投资股票应是一个不错的选择。

所以，股票投资相较于前面所述及的保险、债券、银行储蓄等储蓄型投资来讲，收益可能更高，但风险也更大。股票投资不但可以给人们一种独特的生活空间自由度，可以展示人们的判断力和智慧，还可以给人们介入复杂社会的途径，容易激起人们的挑战欲望和兴奋感，更可能赢得不菲的财富。只是股市是国家设立的，口袋里的钱是投资者自己的，只有适合投资者自己的，才可能获得投资成功。

第4节　基金投资与股票投资的对比

如前所述，基金有许多种类型，如股票型基金、债券型基金、货币型基金、混合型基金等，但它们之间的差别也比较大。

股票型基金，总体上来讲，是全部资本都用于投资股票的基金。有时，基金也会保留部分现金，那是考虑到股票投资的流动性需要、赎回需要和股票的投资机会等，所以，一般不会把客户所有的资本金都用于投资，但都以用于投资进行计算。股票型基金投资表现的好坏，除了取决于投资范围内的整个股市的表现情况外，还取决于基金公司的管理水平和基金经理的投资理念与投资水平。所以，具体基金的表现好坏，通常是与同行业的基金表现水平作比较的：一是与基金表现的平均水平作比较；二是参看基金同行的排名。但由于理念的差异，基金投资的水平表现时常是此起彼伏的。投资者投资的时候，辨别和选出基金行业中的优秀者自然也还是需要智慧的。

股票型基金相对于个人投资股票而言，有以下三点优点：一是能够较好地做到分散投资，以达到分散风险的目的；二是基金经理绝大多数在股票投资知识和经验上是比较专业和丰富的，采集和分析投资信息通常也更有优势；三是基金公司有其投资的纪律，在较大程度上能做好自律。所以，对于大众投资者来说，投资股票型基金比自己投身股票市场要更好些。

混合型基金是指基金公司将基金中的一部分用于投资股票，一部分用于投资债券等，其投资比例大多视股票投资机会的好坏而作一定的调整，大多数也都会有一个相对稳定的投资比例。因此，混合型基金也是相当不错的稳健投资标的。只不过从长期来看，在大多数情况下，混合型基金的总收益水平很有可能不及股票型基金，尤其是在股票市场表现卓越的时期，或者说是大牛市时期，混合型基金更可能逊色于股票型基金。但也不完全绝对，混合型基金的稳健性和安全性自有它的独特之处。

至于其他常见的基金类型，如债券型基金和货币型基金等，其优势可能就不那么显著，基金经理也无法完全发挥自己的才能。

投资基金通常是中长期的投资行为。投资者一定要注意：一基金公司必定会从中收取管理费，因此要弄清楚其管理费的高低是否与其管理水平及投资收益的高低相匹配。二基金通常有销售成本。基金的销售成本加上基金公司收取的管理费，必须分摊到中长期的投资收益中才能得以抵消，所以，投资者只有做中长期的基金投资才能更好地体现基金投资的优势。而做短期基金投资，成本会更高、收益可能会更差，也增加了不必要的资本金损失的风险。三一般来说，基金公司的管理水平比较易于实现可持续性，其稳定性相对较好，而基金经理却是随时可以跳槽或被解聘的。从这一点上来讲，看重某个基金公司要更优于看重某个基金经理。四要警惕基金经理可能出现投资失误或出现重大失误的情况，更有甚者，基金公司和基金经理可能一起违规违法操作。五投资基金时，可能造成重大投资失误的还有投资者选择了某一狭窄而且已经疯狂的投资领域的基金，这是投资者最需要注意的地方。

所以，投资基金和投资股票究竟孰优孰劣，还是基于投资者本身的多方面考虑。

第 5 节 房地产投资与股票投资的对比

本节所讲的房地产投资，不是专门指房地产的开发投资，而是指房地产商品市场上的大众化房地产投资。虽然在绝大多数国家的股市发展过程中，如果以其指数成长的回报率来衡量，股市的投资回报率相当好，但不少人还是更喜欢房地产投资而畏惧股票投资。如果将投资房地产与投资股票进行对比，那么，房地产投资有以下显著特点：一房地产投资更易于使人们在直观上认识投资；二房地产投资从总体上看更安全可靠，普通民众因投资房地产而出问题的比较少；三房地产投资具有较好的抗通胀和保值效果；四房地产投资若采取贷款的方式，也具有投资的杠杆作用，而且相对来说，这个杠杆投资还较易于控制，也相对安全一些。而股票投资若采取杠杆投资，其风险就相对大得多。从上述两相比较来看，房地产投资还是具有相对优势的。当然，股票投资也有其自身的优势。至于房地产投资的年平均复合回报率与股票投资的年平均复合回报率的比较，在不同国家的不同历史时期，都有较大的差异。在我国，以 2013 年年末为节点，不论是以前 20 年还是以前 10 年的投资期作为比较时段，在总体上，房地产投资的年平均复合回报率都还是比股市投资好。这与我国特定的经济历史过程、政策变动过程、大众需求的偏好程度以及这两个投资领域的经济架构设计等有关。但这并不能完全说明未来也是如此。

值得注意的是，国家相关政策的变化可能会扭转人们对投资的偏好以及相关投资领域的年平均复合回报率与投资成本，比如房地产税的政策变化、股市分红政策的变化、遗产继承税的政策变化等，这些都将改变人们的投资领域和投资分布结构。

相比较而言，房地产投资更适合缺乏投资专业知识的人群，也更适合广大的普通投资者。但最终，投资房地产和投资股市孰优孰劣，还是取决于投资者自己对投资的认识程度。在不同的时期，二者各有不同的趋势和机会。但总体上来说，除过二者的过度杠杆性投资，房地产投资的安全性要优于股市，也更易于大众对投资理念的直观理解。

第6节　黄金投资与股票投资的对比

由于股票投资具有多方面的特点和优势，所以，对专业的投资者而言，他们更倾向于做股票投资。而黄金投资，是中国百姓最喜欢的投资选项之一。这与中国悠久的黄金投资历史所形成的投资文化有关。黄金作为最有信用的天然货币，在保值方面具有天然优势，尤其是当纸币信用出现危机时，更有它不可替代的作用。马克思说的"金银天然不是货币，但货币天然是金银"，深刻地揭示了货币与黄金的信用价值关系。

不过，投资者到底是投资股票还是黄金，需要视具体的情况再做相应的决策。在某个时期，投资股票可能效果更好，而在另一时期，也许投资黄金更好，不能绝对化。自有股市以来，有数据表明，投资股票的收益比投资黄金的收益更好，但这是基于长期准确跟踪股票指数成长和经历股市惊心动魄的风险之上的，这却不是绝大多数普通投资者所能承受和坚持的，也不是容易做到的。并且即使在相当长的时间里，也并非所有的股市投资都是胜于黄金投资的。以我国股市为例，从 2001 年 6 月 14 日的股市指数高点 2245.41 点到 2014 年 6 月 18 日的 2055.52 点收盘，从中可以看出，在长达 13 年的时间里，股票指数在某种意义上不但毫无所获，而且还处于下跌状态。如果投资者算上在此期间的工资收入、几乎所有的物价翻倍，甚至有些消费品如医疗、房子、白酒等的价格更是成倍地上涨，外加组成股票指数的蓝筹股已不断更新与替换，这使得整个股市投资的胜算概率大打折扣。而在这期间，黄金价格却从每盎司不到 300 美元上升至最高 1 920.3 美元，上涨达 6 倍多。在相对应的投资期内，如果大多数人在 2001 年左右投资黄金并持有 8 年以上的话，那么获利超 3 倍应是大概率事件。

黄金投资还有它独特的一面，即作为继承品或赠送品都不收税，也很难计入纳税的财产之列，因为黄金是不记名的。同时，黄金虽然并不生息，但是作为稀缺资源，它与国家发行的货币量之间存在着某种对应关系，即黄金价格将不可避免地伴随着货币总发行量的增加而波浪式地向上攀升。

不过，尽管黄金有种种好处，但并不是在任何时期投资黄金都会有好的回报。从历史上来看，黄金的牛市和熊市的周期都相当长。一旦在牛市的顶峰区域进入黄金投资，那么，如果要在熊市持续过程中将黄金兑换成现金使用，同样可能遭受重大的损失。但与整个股市的投资风险相比较，投资黄金的风险相对还是小一些。

所以，究竟是投资黄金好还是投资股票好，还是依赖于这两者在特定时期的特定市场状况以及投资者的偏好。归根结底，适合于投资者自己的投资品种才是最好的。

第7节　风险与收益的平衡

投资理财既要考虑获得良好收益，又要考虑降低风险。要正确把握投资理财，非常关键的一点就是要做好风险与收益的平衡。那么，如何才能做好风险与收益的平衡呢？总的来说，就是要使风险在可控、可承受、可认知的范围内，要使收益在可认知的、符合实际的、理想的收益率指标上，换句话说，就是既要懂得降低和排除风险的方法，又要了解提高收益的策略和途径。比如说，降低投资理财风险的一个重要方法是分散投资，就是人们通常所说的"不要把全部鸡蛋放在一个篮子里"，这几乎是取得可靠收益的一个共识。应当说，分散投资能够分散风险，总体上是正确的。但分散投资并不等于投资的盲目分散，千万别犯教条主义的错误。显然，过分分散会导致投资者不能集中精力进行深入研究、密切跟踪、及时发现问题，由此对目标的实现也会有严重的影响。所以，分散投资的策略应当以适当的分散为原则，这样既可以做到失之东隅、收之桑榆，又可以全神贯注地实现目标。

既然分散投资原则要适当，那么，集中投资原则同样就要适当地集中，这样就可以在谋求降低风险的同时适当地提高收益。不过，分散和集中毕竟是矛盾的，如何才能更好地使两者"适当"呢？显然，很难确定一个统一的度来定义"适当"。但总的来说，要根据实际情况，从实际出发，实事求是地按规律办事，尽力寻求和把握"适当"的度。可以在自己认为已经足够分散风险的情形下，采取相对集中的投资办法。

不过，这也仅仅是收益与风险平衡的一个策略。事实上，以分散投资来分散风险，只是消除风险时不得已而为之的方法。从根本上讲，还是要充分地认知风险的产生原因和风险出现的征兆，这样，才能懂得如何更好地化解风险。所以，对风险做本质上的认识，是做好投资理财中风险和收益平衡的核心思想。

第 8 节　效果评估与动态修正

为了实现投资理财的目标，在实施投资理财方案的过程中，有必要对投资理财的效果进行跟踪和评估。这样做，是因为任何事物都不是一成不变的，故动态和辩证地看问题非常重要。对起初制定的投资理财的目标和方案进行适时的效果评估、偏离原因分析和动态修正，是进行正确投资理财所不可缺少的。

但需要注意的是，有时在某一阶段内暂时未实现投资理财目标，并不等于说原先的投资理财方案就一定有错误或有问题，这时，就需要对投资理财的理念、历史背景、逻辑演绎和条件变化情况、方法等进行深入分析和认真核查，再决定是否需要进行调整和纠错。当然，这种调整和纠错需要贯彻于整个理财的过程始终，但不能频繁地进行，以避免方案的不成熟干扰了原方案的正确部分。

第❻章 | 规避理财风险

　　人的一生，难免不时面对大大小小的风险，大如社会演进中社会动荡或变革时的人生风险，小如一条不经意的信息让你遭受损失。所以，如何规避风险是需要引起人们重视的。

第 1 节 　规避生命风险

对于绝大多数的人而言，生命是无价的，是至高无上的。从投资理财的角度来说，生命风险是人生财富风险中最重要的风险，因此，它在投资理财中是需要优先考虑的。

现代社会中，医疗保险、社会保障保险和市场上保险公司的产生和发展，无不体现了生命风险与投资理财之间的内在联系，无不体现了生命风险需要消解的市场需求。不过，虽然许多人对医疗保险、社会保障保险和各类保险公司耳熟能详，但对于它们与投资理财之间的密切关系却知之不详。事实上，一旦生命产生了风险，如死亡、残废和严重疾病等，就会对相关的人的生活和财务状态产生巨大的冲击。如果一个家庭的主要经济支柱死亡或者残废，无疑将会使他的家庭生活和财务状况陷入危机。即便只是家庭的一个成员发生严重疾病，对于普通的大众家庭来说，也都是一个不小的负担，甚至可能产生巨大的财务压力。

通常，生命的风险主要来源于四个方面：一是来源于每个人自身的健康因素，这或是由基因所致，或是由生活环境所致，或是由自己的生活方式所致；二是来源于社会因素，这或是由社会动荡所致，或是由遭遇的人身危害所致，或是由交通事故所致，等等；三是来源于个人的思想情感因素，这或是由个人感情的严重受挫所致，或是由个人主观思想的极端偏差所致，或是由个人的决策严重犯错所致，等等；四是来源于自然因素，如自然灾害等。上述因素中，有不可抗力方面的，也有可以规避的；有可抵御的风险，也有不可抵御的风险。

一般地说，生命风险的规避有三个途径：一是强化人的生命安全意识和健康意识，善于使个体的生命体朝着健康、平安的方向前行。二是可通过各类保险工具建立起对生命风险产生冲击的保护网。三是可以通过建立真正良好的人际关系，发挥社会群体的支持和辅助作用，有时可以使生命重生，使财务转危为安。

总之，规避生命风险，就是规避投资理财中的最大风险和最大陷阱。

第2节　规避心理风险

在投资理财中，投资者的心理因素往往会起到很重要的作用，而不稳定的甚至负面的心理因素则会产生投资的心理风险进而不利于投资。通常，在心态的表现上，心理风险经常表现为"贪"、"急"、"怕"、"心软"、"盲目"等特征。

"贪"是最主要的心理风险之一。它通常反映为人们希望获取更多，但这种希望却超越了自己的能力，或超越了社会和市场的许可，结果因为违背了主客观的实际情况而导致投资受损。"贪"相当普遍地存在于人们的心里，它或明或隐，尤其是人们试图违背社会良知而获取更多时，或者是在试图博取高风险市场领域的回报而获取更多时，都潜在地或明显地存在贪欲。要控制住这种风险，就要注意两个方面：一是加强自己的修养，知道什么是可为和什么是不可为的，并认清自己的秉性和能力，诚实求进，这是戒"贪"的根本心理素养。二要利用自己的才智，把握好投资获利的度、现实性和允许值，尽力降低风险。

心理活动中的"急"，有时也是"贪"的另一种表现，但与"贪"又有所区别。"急功近利"比较形象地说明了"急"的心理特征。应当说，适当的"急"有利无弊，如"抓紧时间学习"、"抓紧时间完成任务"等的"急"。有害的自然是不恰当的"急"和过分的"急"，在心理上主要表现为不安的"急"，自身心理的时间预期不符合事物发展的时间进程，结果违背了客观规律，自然遭受挫折。所以，要避免"急"的毛病和控制"急"的心理风险，就必须将自己的心态放平和，不追求不切实际的财富增加，以此来平缓自己"急"之心理。

"怕"的心理也是普遍存在的。一方面，是人对外在力量的不明而产生了恐惧，害怕外在力量伤害自身；另一方面，则表现为对机会得失的担心和自身利益得失的顾虑。"怕"的心理有其正常的一面，毕竟以个人的局限去应对强大而又多变的外在力量时，这种"怕"的担忧是天性使然。但"怕"的心理也有其非正常的一面，它时常表现为该"怕"时不怕，不该"怕"时却又十分害怕，结果是正常的"怕"不起作用，非正常的"怕"却起了作用。比如说，在投资股市或楼市时，当价格在次高位时，有人害怕其价高而不敢入场，有人则害怕其有更高价而失去机会。同是"害怕"，心理方向却相反。"怕"的心理主要还是源于主体对客体认识的局限性，无法对其进行正确预测、判断和决策。因此，要控制由"怕"所产生的心理风险，首先要从应把握的对象入手，正确认识和深入掌握其规律；其次，设置风险的允许值，以便"知止不殆"，这样就可以让自己胸中有数，不必紧张和害怕。

"心软"是人性中最优美、最光辉的品质之一，也可以说是"善良"的孪生姐妹。但"心软"也和懦弱、犹疑不定相伴随，它时常会导致人们在行动上不够坚毅果断，进而比如在战争、竞争、理财博弈中丢失机会，甚至因贻误时机或战机而酿成重大损失。所以，投资者要克服"心软"的负面作用，学会在理性的指引下，培养行动果敢的品质。

"盲目"是人的非理性因素造成的。心理活动中的知识信号盲点，造成了人们的模糊思维和盲目行为。要克服心理活动中的"盲目"倾向，就应当强化理性思维的力量，使理性思维站在主导的一方。

第3节　复杂难测的环境风险

投资者在投资理财过程中，必须考虑外部环境的变化所产生的影响。这种影响既有可能在总体上是正面的，也有可能是负面的，还有可能在某一领域表现为负面的，而在另一领域则表现为正面的。所谓"机会与风险同在"，它既指某一投资领域的理财品种的机会与风险同在，也指某一投资理财领域存在的机会更多，而在另一投资理财领域存在的风险更大的情况。

在与投资理财相关的外部环境要素中，比较重要的有政治、经济、军事、自然环境等。国际性的政治局势大变或者动荡，国内政治体制或者政治结构的大变革，都可能影响到经济的趋势和金融市场。有时这种影响是非常剧烈的，甚至可能导致货币的重新估值或者重新定义。尽管政治局势的变化大多表现是缓慢渐变的，但有时也是突发性的。政治局势的变化对投资理财的影响自然是可正可负、可大可小。但通常大的政治动荡对投资理财的影响是巨大的。因此，如果政治因素对某些领域的投资理财的影响是负面的，那么，风险通常会比较大。如果政治因素对某些领域的投资理财的影响是正面的，那么，它所形成的机会通常也比较大。投资者若要善于抓住政治变革所带来的重大机遇或者规避政治变革所带来的风险，就必须要有政治的敏感性、历史的视野和哲学的智慧。所以，多关注政治局势对控制政治因素所产生的投资风险会有帮助。

军事冲突往往是国内或国际政治、经济角逐白热化的表现形式。军事冲突的规模、时长和激烈程度不同，对总体经济影响的内在深度和时间长度就不同，对各个经济领域的影响程度也不相同。对于国际军事冲突而言，一般来说，距离军事冲突的中心越近，相关性越强，影响力越大，投资理财的机会和风险也都更有可能呈现出惊心动魄的格局。

自然环境的变化对经济的影响多是局部的，或者是以某一领域为主，·一般也不易引起全局性的和长期的经济影响，但可能对某一局部地区或者某些经济领域形成巨大的冲击。如某一地区的超强度地震、海啸以及核电厂的核爆炸和核泄漏等，对紧邻地区的影响是显而易见的。

外部环境的变化有时是突发的，并且是多方面因素交织在一起的，显然，人们对此进行分析和预测有一定的难度，但在外部环境的变化过程中，投资者一定要关注，究竟是风险更多更大，还是机会更多更大。这两者是不相同的。千万不要把风险与机会并存理解为风险与机会均等，但如果能深刻地认识到风险的源头，也就有更大的可能性探索到机会的源头。

第 4 节　资金安全的风险控制

在投资理财时，认真做好资金安全的风险控制，是避免投资理财败北的最重要环节之一。许多投资者投资大失败，甚至造成滑铁卢式的惨剧，大多与资金安全的风险控制有关。那么，通常有哪些方面容易造成资金的安全性问题呢？

1. 是最终资金链断裂。这种情形之所以会发生，主要是由于投资者在投资理财中，极大地超越了自身的财务能力或经济能力。因为不少人会把具有高智慧且激烈竞争的投资理财博弈看作是轻而易举的事，而且还认为这是大家都在做、都能做的事，甚至还可以举出一字不识的老太太也能在投资理财博弈中取得胜利的经典范例来为自己做辩护。事实上，这是因为人们只看到了问题的一面，而没有深究问题的另一面。这样简单化、片面化的肤浅认识，很可能会导致投资冲动，从而产生巨大的财务风险，使资金的安全出现问题。

2. 有些人在高盈利的诱导下，参与了在理论上具有无限风险的杠杆交易。这是一部分自认为有较强资金支付能力的投资者在最后遭遇滑铁卢式惨败的原因所在。在较广义的投资理财中，包含这类高风险的杠杆交易投资品种，但投资者是否能够应用得当，却又是另一回事。在大多数情况下，恰恰是因为投资者在刚开始寻找投资理财的品种时，接触和了解到了这类高风险的杠杆交易投资品种，并被高利润的可能性所深深吸引，而在没有深入研究的情况下，贸然参与了这类高风险杠杆交易的投资品种。尽管许多人在做某项决策时，都会自信满满，但实际上对这类投资品种认识的深度和广度究竟如何，常常并不是很清楚，而且往往对此还不以为然。这就很容易导致在不确定的认知情况下，参与所谓高风险高收益的杠杆交易投资品种，致使资金处于高风险状态。有人认为，只要制定完备、严格的交易程序，就可以避免资金的安全出现问题。虽说这也不无道理，并且也是投资者所必须采取的预防措施，但是这样做还是难以完全控制这一类型投资的巨大风险。因为在"执行"的这个紧要环节，既存在人性的弱点，也存在判断失误的可能性。

还有一类准杠杆的交易投资，它以投资者自己的资产作为保证金，在银行、证券公司等金融机构作抵押融资，放大数倍进行投资理财。一旦投资的趋势逆反或者波动巨大而面临抵押的风险，则银行、证券公司等金融机构就可能会强迫平仓追偿，从而使资金处于高风险之中。

3. 投资者从事极其频繁的交易。保证资金安全的重要原则之一，就是在投资理财的博弈中保护已有的资本金，并努力实现良好的增值。但有的投资者往往忽略了细微处见威力、不起眼处有智慧的情况。许多人在渴望财富的焦灼中，时而兴奋，时而恐惧，从而在投资的竞技场上冲锋陷阵，不断地进出交易。殊不知，即使仅以似乎不多的1%的总交易成本计算，只要一周交易一次，撇开盈与亏不谈，一年即可达50%左右的本金损失，如此一来，获利几何？所以，降低资金的风险之一，就是要控制和减少交易次数。

4. 保护好资金的止蚀和止盈问题。在广泛的投资理财领域，我们很难一一阐述清楚止蚀和止盈的问题，这里仅给出若干思路，供大家参考。

（1）以走势图的技术指标作为参照。比如，投资者可以确定以30天的移动平均线作为止蚀和止盈的线，一旦跌破该线，不管对错，立即止蚀或止盈。当然，具体是以什么指标或以多少综合性指标作为决策的依据，仍然是仁者见仁、智者见智的问题。

（2）以人气为参照。当人人热衷时，通常显示其投资领域的热度太高，投资者可以反其道而行之，反之亦然。

（3）以百分比作为临界点。比如说，当资本金损失20%时，立即止蚀；或者盈利的最高点下降20%时，立即止盈。当然，究竟要选择多少百分比来作为止蚀或止盈才合适，要看投资者所投资的领域的特点、自己的承受能力和自己所认为的合理的度。

（4）是否出乎原先判断之意料。当投资者判断某一投资在未来某一时期应当是某种走势，而结果却大出意外，则说明原先的判断可能有误，这时需要进行纠正。

（5）以"全"身而退，作为资金安全问题的核心，来决定止蚀或止盈。所谓"全"身而退，从资本金的角度来说，就是指要让资本金实力不受到损害，或保全资本金，或者保全已有的胜利果实不受进一步的损失，由此而采取果断的保护或保全措施，然后观察局势演变，等待趋势明朗后，再决定采取何种投资策略。这是保全实力以进行恒久博弈并最终胜出的基本方法。

总之，切实保证资金的安全与做好风险的控制，是获取投资理财博弈胜算的核心内容。

第 5 节　委托理财的风险

随着金融业的发展，越来越多的人认识到自身运作投资理财的局限性，尤其是认识到自身投资理财知识的不足，想委托专业人士或者专业机构进行投资理财，以提高收益水平。通常，委托投资理财可以通过以下三个途径实现：一是直接通过有投资理财法律资格的机构或者公司进行。在这种方式下，投资者会直接与相应的机构或者公司签订有关投资理财法律文件。二是以有关金融公司的顾问代表作为中介，指导投资理财的运作。在这一方式下，投资者既可以与相应的公司签订投资理财法律文件，也可以在没有签订法律文件时由顾问代表指导。在这一方式中，主要由金融公司的顾问代表推荐相关的投资理财品种。三是通过个人关系或者以类股权的关系，参与委托投资理财。这种方式既有法律关系的委托方式，如参股组成投资公司；也可以是没有法律关系的委托方式。而后者通常比前者更为普遍，但这是没有法律保障的投资理财方式。

在委托投资理财中，不论是何种途径，影响收益的共同关键点都在于：一是委托者所委托的顾问或团队的投资水平和道德水准；二是所选择的投资理财的品种或品种结构；三是所参与的投资理财的时点机会，这种时点机会对不同的投资品种会有不同的相关性。

各种投资理财委托方式，既有共同的投资风险特点，又有各自独特的投资风险。不同的风险特点是：在第一种委托方式下，整体资金均具有完全的法律保障，资金的安全度相对较好；在第二种委托方式下，一般资金也有法律保障，但必须警惕个别的顾问代表违法损害投资者的资金安全问题，必须防止个别顾问代表因考虑其个人利益而损害或者降低投资者的收益安排；第三种委托方式则取决于投资者自己对资金安全的意识和资金安全的控制方式。在总体上，各种委托方式对资金安全问题的影响，依赖于道德的安全程度要低于依据法律关系的安全保障程度。所以，投资者在进行委托投资理财的时候，为了自身的资金利益安全，要么自己能完全控制资金，要么通过建立法律关系控制资金，这样才能使资金较为安全与稳妥。

各种委托投资理财方式的共同的风险源于以下几个方面：

第一，委托者所委托的顾问或团队的综合投资理财水平。这对投资理财的结果影响很大。一旦选择错误，就可能形成大的风险。而资金管理者或机构在管理资金上所呈现的综合道德素养，也会影响投资理财的风险和收益的程度。

第二，委托者对所委托的顾问或团队的信任度，也是形成风险的因素之一。由于投资理财的波动性，若在暂时承受市场波动性风险的时候，委托者失去对所委托的顾问或团队的信任，那么就无法接受他们的正确投资理念，也就可能因此承担了风险，未能得到本可以得到的收益安排。

第三，委托者所选择的投资理财产品的领域过于狭窄（比如，只投资于 IT 领域），并不能给所委托的顾问或团队足够的回旋和发挥的余地。在这种情况下，如果委托者所选定的投资领域发生了投资方向的错误，那么就并非完全是委托者所委托的顾问或团队的失责。这是一般人所不了解的。委托者也时常因此抱怨和责怪自己所委托的顾问和团队。为避免这一情况的发生，委托者在选择投资理财的产品与领域时，应该尽量选择那些有组合功能的产品，即投资领域较宽、有较多组合机会的产品。要尽量避免选择太过单一且市场过分高热而又试图跟风的投资产品。

第四，不同委托方式的利益机制，也会对投资理财的风险和收益产生影响。一般来说，正确的利益挂钩机制有利于双方的共同利益。但不同的投资理财委托方式，有各自不同的利益挂钩方式。正规的金融机构通常事先明确规定收费方式和收费百分比，而不是双方协商最佳利益的挂钩方式。不过，这并不能说明这个方式是好还是不好。

总之，委托投资理财既要充分注意整体资金的安全性及其风险控制问题，又要注意在投资理财过程中，相对于收益所产生的风险控制问题。

第 6 节　谨防巧诈

投资者投资理财过程中，还需避免掉入各种陷阱，以保护自己的资金安全。以下是几种常见的骗局或准骗局：

第一，高级金融形态的骗局。这类骗局多是在法律的保护下，采取复杂的金融设计方案，让投资者仿佛在云里雾里，时而似乎看见了"良好"投资的光明和希望，时而又觉得不明就里。这方面最使人惊讶的经典骗局，莫过于华尔街著名的纳斯达克证券交易所前主席伯纳德·麦道夫所设的惊人骗局，不知有多少富翁、聪明人甚至银行等金融机构都上了他的当。要避免陷入这一类高级金融形态的骗局，就必须把握两个基本原则：一是不熟不做；二是要有警觉性，不明白不拿钱，或者说绝不轻易投资。

第二，低级金融形态的骗局。这类骗局多在没有法律保障的情形下进行，主要利用高利诱惑手段，如虚拟传销集资骗钱、高利揽储拿钱不还等，不一而足。所以，要防止掉入这类的金融骗局，就必须坚持有法律保护，弄清对方的法律角色和经济实际背景等诸方面的情况，不参与民间的高利融资放贷活动。

第三，忽悠人的准骗局。之所以说是准骗局，是因为它有合法的法律基础，却不是善意的投资理财策划，或是不具有帮助性的投资理财规划。比如说，投资者在投资股票时，有人怂恿他投资那些设计复杂、价值离奇的股票权证，说是高风险高回报。殊不知，高风险并不注定对应高回报。

第四，金融产品设计或者服务的误导性骗局。这会导致投资理财者无利可图或者招致损失，有上当受骗之感。诸如一些无获利前景和无良好获利可能的所谓保本型投资理财基金，却暗藏了交易缺口的风险代价；一些水平有限或有私利倾向的保险代表没有准确地向投资者陈述保险理财产品的风险所在，如"断保"的风险代价；还有些金融机构所推出的投资理财产品，一方面用大字陈述该产品的优点和长处，一方面却把有关的责任、风险和免责事项用小字打在页尾的不引人注目处，使投资理财者对其忽略而受损。所以，对于这一类情形，投资理财者就必须对正反两个方面的情况都需完整地了解，要把所有的文字了解透彻，尤其是要注意那些小字的注解说明，要求投资理财顾问全面地陈述风险与收益的关系。只有投资顾问或理财代表的陈述是全面的、透彻的、辩证的，投资者才能对理财产品有充分的掌握，并最终决定是否参与理财顾问或代表所推荐的投资理财。

第 7 节　避免轻信与误判

除了金融形式的骗局和准骗局外，还有由自身的轻信或误判所导致的投资风险。

第一，轻信有关的投资（理财）方案。这种方案可能是文字的，也可能是口头的。不管是金融领域的，还是实业领域的，如果方案听起来似乎头头是道，但是投资者自己却没有做严谨的可行性方案论证或者经过认真严密的考虑就盲目地相信，那么风险是相当大的。所以，投资者一定要独立思考，倘若觉得自己在某个领域的知识水平不够，进而难以判断和决策，那就应当请相关的专家或者智囊团来协助自己进行分析和决策。要是这一点也做不到，那就秉持一个信念，即"不熟不做"。或者可以只用小微量资本金进行逐步探索，等掌握了规律或心中有谱了，再确定扩大投资。这既可以避免因生疏而付出较大的代价，又可以探索出一条新路子。

第二，轻信有关"准专家"的意见。这是一个使不少人犯难的问题。对于许多人来说，不信专家信谁？那些号称专家的是不是真正的专家？实际上，投资者可以从以下几个方面做一个参考性的判断：（1）要分析"准专家"的智商背景和教育背景，看他是否有资格成为真正的专家或高水平的专业人士。虽然在这方面不能有教条化的标准，但通过这一观察，还是有可能找到有价值的线索的。（2）要看看他的言谈举止是否为高素养、高智慧的人。虽说人不可貌相，但通过一个人的言谈举止的动态连续表现，还是可以找到一些具有判断价值的依据的。这里还需要注意一种特别容易让人混淆的情形，就是"准专家"口若悬河，这常常未必是有真水平的表现。人们也许会问：听有一定专业知识的人士或者"准专家"的意见有错吗？这里有一点需要弄清楚：听是没有错，想获得更多的信息也没有错，但与轻信并盲目采纳意见却是两回事。要知道，懂得事物的一点道理与深刻认知事物的规律远不是一码事。差之毫厘，失之千里。高手对弈，棋差一着就可能满盘皆输；将帅对决，智弱一分就可能千古遗恨。

第三，轻信朋友的认知。许多人都从朋友那里获得信息。既是朋友，自然对其有相当程度的了解，也总是相当信赖。尤其是对那些有相应专业知识的朋友，常常是相互间信任有加。值得注意的是，投资者从朋友那里所获得的知识、信息或指引，往往并非真知灼见，却不加分析地盲目轻信，这是不可取的。因为大多数人从朋友那里获得的信息，通常是在闲谈中得到的。如果由于朋友知识的局限性，或者由于朋友所提供信息的完整性因记忆原因而产生缺失，或者由于投资者自己没有完全准确地理解朋友所提供的信息，从而造成了只知其一不知其二的错误，那么就只能怪投资者自己的盲目轻信了。

第四，轻信投资的前景。当投资者做某一项投资时，通常都会分析其所投资项目的前景。不过，在做这项前景分析的时候，投资者必须认真甄别自己所依赖的信息基础是否足够准确，是否真正有价值。而在这一方面，并不是人人都能够把握好的。也正是由于许多人在这一方面时常都有局限性，就会发生差错，所以一定要对投资项目的信息做认真的辨别、分析、综合和辩证认知，切实做到准确把握，把这个工作作为投资理财决策的头等大事来对待。这项工作做得不够深入，就很容易轻信有关报章的宣传、网络资料、朋友的建议以及行业"准专家"对前景的解读。许多人正是因为这项工作没有做好，草率判断，由此造成了投资理财博弈的失误。

第五，误判社会经济发展的历程、规律和机遇。这种误判也会使人们掉入投资理财的陷阱。人们总是在把脉社会经济发展的方向和历程，意欲把握其所提供的财富机遇。毫无疑问，如果把脉正确，则将有利于做正确的投资理财，有利于财富的增长；反之，则将会导致投资理财的失利，导致财富增长遭遇挫折。

第8节　因忽视所引发的风险

以下是理财过程中，易被人们忽视的重大事项：

第一，易于忽视由生命风险所导致的财务风险。关于生命风险与理财的关系，前述已有阐述，在这里需要强调的是，人们很容易忽视这一问题。尤其是年轻人，因忙着学习和工作，更容易忽视这个问题。而且，许多人总是力图回避"生命出现问题"这一重大问题，总觉得面对这个问题时心里会不舒服。这样就很难在主观意识上重视这个问题，很难主动抵御这方面的风险。在现实生活中，确实有不少人并不知道如何去抵御和防范这方面的风险。殊不知，保险业之所以在现代社会中如此发达，就是因为保险在这方面有其突出的价值所在。

第二，忽视投资风险。这是导致一些人投资大失误并陷入个人财务危机的重要原因。有些人一方面着迷于投资的回报愿望而忽视了投资风险，另一方面又采取了不恰当的过量贷款或借款进行所谓的投资。而这些投资却多无实质性的资本成长回报，也没有足够的时间来赢得足够的资本回报。在这种情况下，资金链断裂便成为投资大失败的最常见的情形。所以，求富不能漠视创富过程中所必须遵循的原则和客观情况。这里，我们再一次强调，过度贷款或借款是投资理财博弈中很可能导致满盘皆输的险棋，是必须时时刻刻要牢记和谨防的。

第三，忽视了通货膨胀的威力。本书第4章第1节已经论述了通货膨胀与投资理财的关系，相信大多数读者都会有足够的警觉并重视通货膨胀。但在现实生活中，还是有许多人会忽视这一问题。本书在这里再一次强调，通货膨胀是投资理财所要面对的最大的难题，也是投资理财所要战胜的最重要的对象。许多人本以为自己的钱已足够用，但到了若干年后，才发现自己的钱很不够用，这其中就是通货膨胀的因素在起作用。

第四，忽视投资理财。忽视投资理财，还包括忽视投资理财的计划制订和实施。许多人并不清楚，忽视投资理财也是导致财务窘境的一个重要方面。投资理财计划是投资理财的重要组成部分；如果没有投资理财计划，就不能有意识地去积累资本金，不能有意识地、更好地去提高自己的投资理财能力；不能更好地把所积累的资本金再次用来投资理财，就不能有效地抵御生活的风险和战胜通货膨胀。

还有，有的人虽然有投资理财计划，却无法确保投资理财计划的实施，这几乎等同于没有投资理财计划。尽早实施投资理财计划有一个并非人所共知的巨大好处，那就是复利成长的威力，这在前面已经有所述及。所以，越早实施投资理财计划，投资理财的效果就越好，同时还可以更早、更好地保障个人及家庭的生活。有的人倘若由于未能制订投资理财计划并良好地实施，从而使自己在退休后既无终生收入方案，又无足够的储蓄，那很可能就会感受到老年的潦倒和悲凉。这肯定是他自己所不愿意见到的，所以还是要尽早地防患于未然。